신기한 세상 재미난 이야기

신기한 세상 재미난 이야기

이 광렬 엮음
전 명화 그림

일러두기
이 책을 읽는 어린이들에게

지금 우리들은 첨단 과학기술의 시대에 살고 있습니다. 세계 여러 나라들은 과학기술의 혁신으로 국가 발전에 총력을 기울일 뿐 아니라 첨단 기술의 무기화를 강화하고 있는 실정입니다.

이에 맞서 국제 경쟁 속에서 앞서 나갈 유일한 방법은 우수한 두뇌를 발굴하여 과학기술을 발전시키는 일만이 우리의 생존 번영을 지키는 일입니다. 따라서 어릴 때부터 사물에 대하여 의문을 품고 그 까닭을 알아보는 기초적인 즐거움에 눈을 뜨는 지혜를 차근차근 배워야 하겠습니다.

아울러 많은 어린이들에게 흥미가 가득한 과학, 경제, 문화, 역사의 읽을거리를 마련해 주는 것은 21세기를 살아갈 어린이들에게 지식과 정신세계를 발전시키는데 많은 도움이 되리라 믿는 바입니다.

이 책은 일상생활 속에서 평소에 가졌던 의문점을 찾되 흥미를 최대한으로 높이려고 하였습니다. 모쪼록 어린이 여러분들은 이 책을 읽음으로써 우리 조상이 남긴 문화유산을 이해하고, 진정한 탐구심을 키워 나갈 수 있는 계기가 마련되기를 기대해 봅니다.

– 2006년 2월 글쓴이 **이 광 렬**

차 례

제1장 우리 주변의 과학생활 이야기

제2장 우리의 문화 유산

제3장 조상들의 놀라운 지혜

제4장 신비한 동식물 이야기

제5장 스포츠에 관한 재미난 이야기

제6장 신기하고 재미난 세상

제1장

우리 주변의 과학생활 이야기

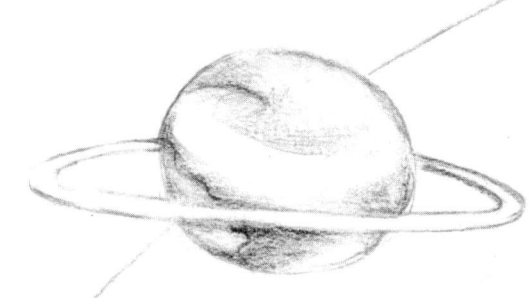

1. 수명이 끝난 인공위성은 어떻게 될까요?

인공위성이란 지구나 우주에 있는 다른 천체 주위를 계속 회전하도록 사람들이 만든 물체인데 주로 지구 주위를 돌고 있답니다.

인공위성이 하는 일은 우주를 연구하고, 일기예보의 자료를 수집하며, 국제전화를 중계하기도 하고 배와 비행기가 안전하게 운항하도록 도와주기도 해요. 뿐만 아니라 여러 가지 자원을 관찰하기도 하고, 여러 나라의 군대 이동과 군사장비를 감지하기도 한답니다.

12

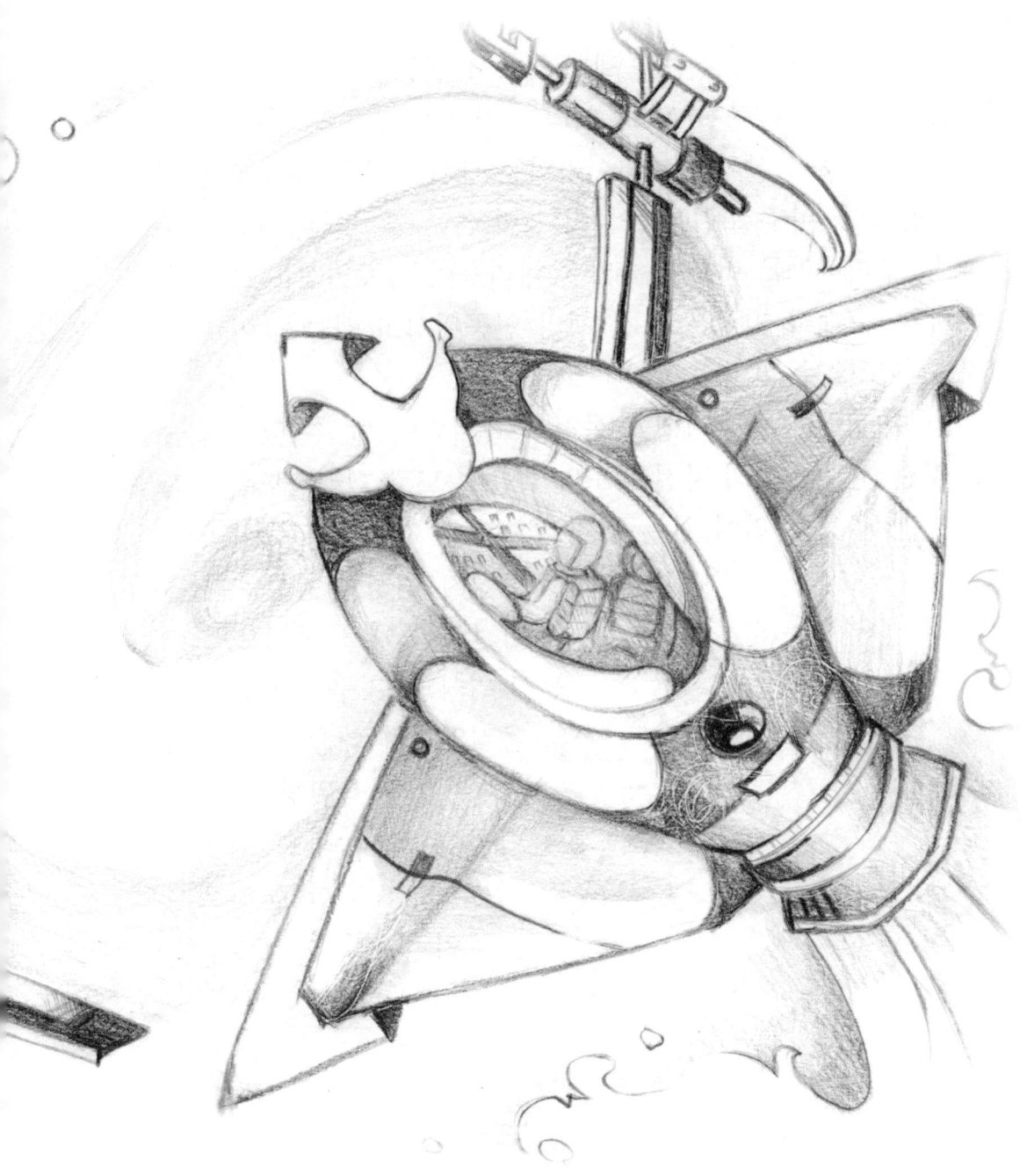

1957년 10월 4일 소련은 세계 최초로 인공위성 스푸트니크 1호를 우주로 쏘아 올렸어요. 그리고 같은 해 2호의 인공위성에는 세계 최초로 살아있는·라이카라는 개를 태우고 우주로 날려 보냈답니다. 이후 소련은 물론이고 미국, 독일, 일본, 그리고 중국 및 우리나라를 비롯한 수많은 나라들이 인공위성을 쏘아 올렸지요. 그래서 지금은 수천 개의 인공위성이 하늘 높이 떠서 지구 궤도를 수 없이 돌고 있다고 해요.

인공위성에는 우주여행을 목적으로 사람이 탈 수 있는 캡슐을 갖춘 것과 지구의 자전 속도와 같은 속도로 회전하도록 제작하여 항상 그 자리에 있는 것처럼 보이는 정지위성 등이 있어

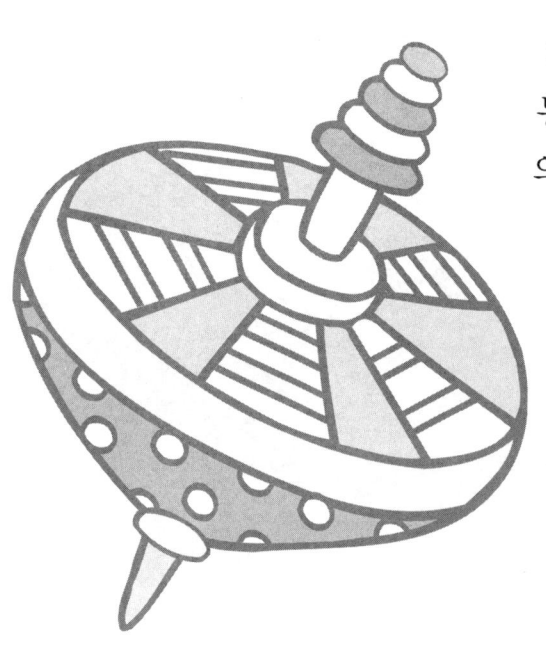

요. 정지 위성의 종류로는 텔레비전의 중계를 목적으로 한 통신 위성과, 지구 상공의 구름의 움직임이나 태풍 등을 관측하기 위한 기상위성, 그리고 다른 나라의 군사 시설을 알아보기 위한 군사위성 등이 있지요. 그렇다면 1957년 이후 해마다 우주 공간으로 올라간 수많은 인공위성들은 모두 어떻게 되었을까요?

인공위성의 최초의 동물인 라이카는 역사에 이름을 남겼지만 다시 지구로 돌아오지 못하고 어느 행성이나 아니면 우리들이 살고 있는 지구로 먼지가 되어 내려와 있는지도 모르지요. 지금까지 쏘아 올린 인공위성 중 제 역할을 하고 있는 것은 주로 최근에 쏘아 올린 인공위성인데, 약 25% 정도만이 정상적으로 작동하고 있었을 뿐이라고 해요. 그리고 나머지들은 고장난체 제구실을 하지 못하고 그저 돌고만 있으며, 부서진 위성의 많은 파편들도 궤도를 돌고 있다고 해요.

인공위성은 지구 주위를 빠른 속도로 돌기 때문에 원심력이 지구의 인력과 균형을 이루고 있어, 무중력 상태가 되어 지상으로 떨어지지 않아요. 그리고 대기권 밖에서는 공기의 저항이 없으므로 위성의 속도가 감소하거나 마찰에 의한 열로 타버리는 일이 일어나지 않는다고 해요. 따라서 인공위성들은 오랜 기간 지구 주위를 같은 속도로 계속 돌게 되는데, 그 속도는 매초 8~9km 정도라고 해요. 그런데 이 속도는 모든 위성이 일정한 것이 아니고 지구로부터의 거리에 따라 속도는 약간 다르지요.

현재 우주 공간에 떠다니고 있는 인공위성은 2,300여 개인데 각자의 목표에 맞게 활동하면서 임무를 수행하고 있답니다. 우리나라도 현재 무궁화 위성을 쏘아 올려 과학적인 자료를 얻고 있는데 앞으로 더 성능이 좋고 여러 가지 기능을 갖춘 위성을 만들어 우주에 올려 보내 세계 여러 나라가 부러워하도록 노력해야 해요.

여러분들이 기초과학에 재미를 가지고 차근차근 익혀 나간다면 머지않아 이루어 질 것으로 내다보지요. 우주과학이나 기상에 관심이 있는 사람은 더욱 열심히 공부해 보기 바래요.

〈함께 더 생각해 봐요〉
1.우주왕복선이 우주에서 어떻게 떠난 곳을 찾아오는지 더 공부해 보세요.
2.로켓은 어떤 방법에 의하여 똑 바로 나아가는지 더 알아보세요.

2. 화재경보기는 어떻게 불이 난 것을 알수 있을까요?

화재경보기는 온도가 일정 한계 이상 올라가고, 연기가 차게 되면 감지장치(센서)의 작동으로 울리게 된 기계로서 건물의 천장에 장착하고 있지요.

불은 우리 생활에 없어서는 안 될 아주 귀중한 보배이지만 잘못 다루게 되면 귀중한 생명과 평생 동안 힘들게 모은 재산을 한꺼번에 날려 보내게 되는 악마이기도 하지요.

이처럼 불은 두 얼굴을 가지고 있지요. 각종 건물의 천장에 달려 있는 자동 화재경보장치는 대체로 타고 있는 물체에서 나오는 연기의 작은 입자를 접하게 되면 소리가 울리도록 되어 있어요.

연기를 느낄 수 있는 감지 장치에 크게 두 가지 종류가 있어요.

광학식 탐지기는 광 센서에 빛을 비추고 있다가 연기가 중간에 끼어들어 빛이 차단되면 센서가 이를 감지하고 경보음을 울리게 되지요. 반면 이온화식 탐지기는 좀더 복잡한데, 우선 전지의 양극에 연결돼 있는 평행한 판 사이에 약한 방사선을 쪼이면 그 사이에 있는 기체가 이온화되면서 양이온과 음이온이 생겨 서로 떨어져 있는 판 사이에 전류가 흐르게 되지요.

그런데 탐지기 속에 연기 입자가 들어오게 되면 그것이 이온들을 끌어당겨 전극으로 끌려가는 이온 수가 줄게 되고, 따라서 흐르는 전류가 약해지므로 경보를 울리게 되는 것이지요.

화재로부터 인명 피해를 줄이기 위해서는 건물에는 피난시설을 잘 갖추어야 하고, 도난을 이유로 비상계단이나 비상구를 잠가 놓는 일이 있어서는 안 되며, 비상시에 대비하여 점검은 물론 시설의 유지관리를 철저히 하는 것이 중요한 일이지요.

〈함께 더 생각해 봐요〉

화재경보기와 같이 자동차 추돌 예방기를 만들어 자동차에 부착한다면 많은 사고를 방지할 수 있지 않을까요.

3. 순간 접착제는 만드는 중에 왜 굳어버리지 않을까요?

순간 접착제는 공기 속에 들어 있는 수분에 닿는 즉시 순간적으로 굳어버리게 만든 것이랍니다.

순간접착제는 말 그대로 순간적으로 달라붙는 접착제랍니다. 이 물질은 공기 중으로 나오게 되면 동시에 두 개의 물체를 강하게 끌어당겨 접착시켜 버리는 성질이 있지요. 순간접착제의 원료는 합성수지와 알코올인데 이것들은 수분이 거의 없는 탱크 속에서 혼합하여 만들지요. 그리고 탱크 속에서 주사기와 같은 펌프로 접착제를 담을 용기에 집어넣고 밀봉하면 되는 것이에요. 그래서 용기 속에 들어 있는 접착제는 수분과 접촉할 수 있는 기회가 없기 때문에 굳어버리지 않는답니다.

순간접착제가 굳는 데 걸리는 시간은 늦어야 3분 정도이고, 접착력은 아주 강한 편이지요. 다만 단단한 성질이 높기 때문에 강한 충격을 주면 깨어지는 약점이 있어요. 앞으로는 병원에서 수술 부위를 실로 꿰매지 않고도 초강력 접착제로 간단히 접합시키는 시대가 다가오고 있다고 학자들은 말하고 있어요. 미국에서는 이미 일부 외과 전문의들이 심장, 폐, 수술과 안과 수술, 유방절제 수술, 무릎 수술에까지 이 외과용 접착제를 실험적으로 이용하고 있다고 해요.

이와 같은 외과용 접착제가 21세기 수술에 커다란 혁명을 몰고 올 것을 기대해 볼까요.

⟨함께 더 생각해 봐요⟩

순간접착제를 취급할 때는 매우 조심해야 해요. 가끔 접착제가 눈에 들어가 병원 응급실을 찾는 경우가 있답니다. 옷이나 손에 묻은 순간접착제는 잘 씻어지지 않는 경우가 많이 있어서 사용에 불편하기도 해요. 손에 묻은 접착제를 쉽게 지워지는 물건을 만들어 보는 지혜도 필요하며, 또 쇠와 나무 그리고 쇠와 쇠가 잘 붓는 강한 접착제를 만드는 것도 좋은 발명품이 아닐까요?.

4.플루오르가 가지고 있는 비밀은 무엇일까요?

충치를 예방할 때 흔히 사용하는 약품을 불소라고 부르는데 이 말은 일본에서 부르는 것이고, 우리는 플루오르라고 하는 것이 정식 명칭이지요.

플루오르라는 물질은 바닷물 속에 1.3ppm 정도 들어 있고 사람의 몸에도 2.6g 정도 있지요. 지구상에는 산소, 수소 등 13

번째로 많은 원소이에요. 과인산 비료의 원료에 주로 포함되어 있는 플루오르는 인공 장기와 주방 용기 코팅에 쓰이는 테프론 이라는 것을 만드는데 사용하고 있어요 .

우라늄의 농축에도 쓰이는 유용한 원소인 플루오르는 사람들의 충치 예방에도 대단한 효과가 있다고 해요. 우리 치아의 겉 부분은 탄산칼슘과 수산화인회석이라는 물질로 된 단단한 에나멜로 덮여 있어요. 이 에나멜은 먹고 남은 음식물 찌꺼기의 당분이 박테리아에 의해서 분해되면 산성물질이 만들어 집니다. 이 산성물질 때문에 바로 치아가 삭는 것이에요.

또 음식물 찌꺼기와 죽은 박테리아가 단단하게 뭉쳐지고 여기에 침에 섞인 미네랄이 합쳐지면 단단한 치석이 되지요. 치석은 잇몸을 자극하고 염증을 일으켜

이가 흔들리는 원인이 되기도 해요. 그래서 충치와 치석이 생기지 않도록 음식 찌꺼기를 닦아내는 치약은 모래의 성분과 탄산칼륨과 같은 물질을 미세한 가루로 만든 다음, 세척제와 각종 식용 물감이나 향료를 혼합하여 만든 것이지요.

그런데 플루오르라는 물질은 치아 표면의 에나멜에 닿게 되면 더 단단한 플루오르화인회석을 만들기 때문에 충치가 예방되는 것이에요. 그래서 플루오르 이온을 식수에 직접 넣기도 하는데, 수돗물에 1ppm 정도의 플루오르 이온을 넣으면 충치 예방에 상당한 효과가 있지요. 그러나 식수에 플루오르 이온이 4ppm 이상 있으면 오히려 건강에 해롭게 되므로 함부로 사용하지 말아야 해요.

그런데 수돗물에 플르오르를 넣는 것을 찬성하는 대표적인 단체는 건강을 생각하는 치과의사입니다. 가격도 매우 저렴하므로 적은 비용을 드려 충치를 예방하는 효과가 크다는 것이지요. 그러나 반대의 목소리도 만만치 않아요. 플르오르는 독성이 강한 인공화학물질로서 쥐약과 살충제의 주성분인데, 이것을 많이 먹게 되면 질병을 불러올 수 있는 위험성이 있다는 것이에요.

플르오르는 현재 유리 공업과 유리 가공용으로 쓰이며, 프레온 등의 냉각제의 원료로 쓰이고 있어요. 사람이 플루오르를 자주 또는 많이 섭취하게 되면 골연화증이 나타날 수 있다고 해요. 또 알루미늄 생산 공장이나 비료제조업 등은 플루오르를 발생시킴으로 대기를 오염시키기도 하고 있어요. 대기 속의 플루오르는 식물과 농작물의 잎으로 흡수되어 축적되는데, 이것을 가축들이 먹게 되면 만성 플루오르 중독증을 일으키게 되는 것이지요.

〈함께 더 생각해 봐요〉

몸에 이상이 없으며 이를 튼튼히 하는 물질이 있는지 더 알아볼 필요가 있습니다.

* 1ppm은 백만 분의 1을 나타냄
* 탄산칼륨은 식물을 태운 재에 다량 함유되어 있어요.
* 골연화증 – 연골이 약해지는 병으로서, 연골 자체는 엑스레이 사진에 증상이 나타나지 않지만 작은 충격에도 뼈가 상하게 되지요.

5. 비누는 어떻게 곰팡이 침입을 막아낼까요?

일반적인 비누는 동식물의 기름에 가성소다를 넣어서 만듭니다. 비누는 닦아내고 병균을 죽이기 때문에 우리의 건강을 지켜 주는 생활 필수품 중의 하나이지요.

우리들이 머리를 감을 때 사용하는 샴푸는 가성소다 대신 가성칼리를 사용하여 액체 상태로 만든 것이랍니다. 만일 질이 떨어지는 기름을 사용하여 만든 비누를 사용하게 되면 피부가 건조해지기도 하고, 민감한 사람들은 피부에 반점 같은 문제가 일어나기도 해요.

비누가 없던 시절의 조상들은 식물을 끓이거나 갈아서 세탁용 물로 사용했답니다. 이들을 물에 넣고 흔들면 거품이 나는데, 그 이유는 식물

에 들어 있는 사포닌 계통의 물질이 비누 구실을 하기 때문이에
요. 또한 옛 사람들은 식물을 태운 재를 세탁물로 사용하여 옷
의 때를 빼기도 하였지요. 특히 매년 단오 때가 되면 창포라는
식물을 가마솥에 삶아서 우려낸 물로 머리를 감았지요. 그러면
모발에 윤기가 나고 병도 사전에 예방할 수 있었지요.

 서양에서는 오래 전부터 식물로 비누를 만들었다고 하는데, 식물이 비누 성분을 만드는 이유는 곰팡이의 공격으로부터 자신을 보호하기 위해서라고 하네요. 비누가 우리 몸의 때와 병균을 씻어내듯이, 식물 속에 들어 있는 사포닌은 곰팡이의 세포막에 붙어서 이를 분해함으로써 곰팡이의 침입을 막을 수 있다는 것이지요.

 그런데 비누는 곰팡이뿐 아니라 식물 세포막도 손상시키는데, 어떻게 식물이 자신의 세포를 보호하는지는 밝혀진 것이 없어요. 그런데 추측하기로 특수 식물은 자기 몸의 어느 곳에다 비누 성분을 저장해 두었다가 곰팡이가 공격해 오면 병균을 죽일 것으로 생각하고 있어요.

 그런데 최근에 비누 성분이 많이 들어 있는 식물을 공격하는 곰팡이가 나타났다고 하네요. 이 곰팡이는 묘하게도 식물의 세포와 세포 사이에서만 살아감으로써 자신을 죽이는 물질을 피할 수 있다는 거예요. 또 어떤 곰팡이는 사포닌을 분해하는 효소를 만들어 비누의 독성을 없애버리기도 한다고 해요. 식물은 그렇게 되면 다른 종류의 사포닌을 새로 만들어 곰팡이의 침입에 대비하는 물질을 또 다시 만들 것이지요.

 식물은 지저분한 환경에서도 건강히 자라나는 강력한 생명력을 가지고 있는데, 이는 사포닌 외에도 다양한 항생물질을 만들어 자신을 보호하기 때문이에요.

 옛날과 달리 생활환경이 개선되어 목욕을 자주 하는 현재는 피부가 건조해져 각질이 일어나거나 가려움증을 가져오는 일이 자주 일어나기도 하지요. 특히 피부가 거칠어지는 환절기와 겨울철에는 건조한 공기 때문에 더 심해지는 것이므로 이때는 되도록 비누 사용을 줄이는 것도 좋은 방법이 될 거에요 .

〈함께 더 생각해 봐요〉

올리브나 코코넛 오일 등의 다양한 고급 오일을 사용하여 만든 비누는 글리세린이 들어 있기 때문에 뛰어난 보습효과를 갖고 있으므로 피부에 매우 부드럽고 각질이 일어나지 않고 피부 건조로 인한 가려움증에 좋다고 하는데, 더 좋은 비누를 만들기 위해서는 어떤 방법이 있는지 더 생각해 보아요.

6.에어백은 어떤 원리로 운전자를 보호할까요?

에어백이란 교통사고가 발생하였을 때 순간적으로 공기주머니를 부풀려서 운전자의 부상을 막아주는 안전장치이어요. 즉 자동차가 달리다가 정면으로 충돌했을 때 운전자가 다치거나 목숨을 잃는 사고를 미리 막기 위해 운전석에 설치한 특별한 장치를 말하지요.

　이런 에어백은 자동차가 충돌 할 때 갑자기 튀어나오는데, 수십분의 1초라는 아주 짧은 순간에 부풀어 오르게 되어 있어요. 에어백에 사용하는 물질은 나트륨과 질소로 이루어진 아지드화나트륨이라는 물질이어요. 이 물질은 섭씨 350도 정도의 높은 온도에서도 불이 붙지 않으며, 충격을 주어도 폭발하지 않는 성질을 가지고 있지요.

　에어백이 팽창하는 원인을 알아보면, 아지드화나트륨에 산화철을 섞어 놓으면 충돌할 경우 순간적으로 높은 열이 발생하여 불꽃이 생기게 되지요. 이 불꽃은 3/100초 이내에 에어백 속의 물질들을 분해시켜 갑자기 많은 양의 질소 기체가 발생하도록 하지요.

　이때 발생된 질소 기체는 압력이 낮은 에어백 속으로 순간적으로 빨려 들어가 에어백을 부풀리게 되는 것이에요. 시간이 지나면 에어백에 있는 아주 작은 수많은 구멍을 통해서 질소 기체가 밖으로 빠져나가게 되므로 에어백은 본래의 상태로 되돌아가지요.

　에어백의 국제적 팽창 시간 기준은 0.05초인데 국내에서 생산하는 에어백의 팽창 시간은 0.04초이므로 우리의 제품은 충돌 순간 팽창과 함께 공기가 일부 빠지면서 푹신하고 더욱 안전하게 운전자를 보호해 주고 있어요.

　에어백을 장착한 자동차는 앞부분의 왼쪽과 오른쪽 그리고 위 부분에 센서를 달고 있으므로 충돌시 충격을 정확하게 알아내며, 시속 40km 이상의 속도에서 충돌할 때에 완벽하게 작동되고 있지요.

대개 에어백은 자동차가 시속 20㎞ 이상 달리면서 단단한 물체와 충돌할 경우 터지도록 되어 있으며, 앞에서 달리는 차의 뒷부분과 부딪칠 경우에는 50㎞ 정도에서 터지도록 돼 있어요.

앞좌석에 장착한 에어백은 옆에서의 충돌이나 뒤에서의 충돌 그리고 전복사고나 또는 시동이 꺼져 있을 경우엔 터지지 않으며, 한번 터진 에어백은 재사용이 안 되므로 빼어 버리고 다시 장착해야 해요.

에어백은 부드러운 나일론 재질로 돼 있으며, 충분한 테스트를 거쳐 만들기 때문에 큰 부상은 없도록 합니다. 그러나 터질 때 약간의 찰과상과 얼굴이나 손에 화상을 입을 수는 있어요.

에어백 장착 차량을 운전할 때는 핸들을 3시 방향과 9시 방향으로 잡고 운전하는 것이 좋으며 그 외 방향으로 핸들을 잡고 있을 때는 손과 팔에 찰과상과 화상을 입을 가능성이 크다고 해요. 운전자가 안경을 쓴 상태에서 에어백이 터지면 안경 테나 안경 알이 깨어져 눈이 손상될 수도 있으니 조심해야 해요.

〈함께 더 생각해 봐요〉

에어백은 안전벨트를 보조해주는 2차 보조안전 장치입니다. 안전벨트를 착용하지 않았을 경우에는 에어백이 터질 때의 폭발압력으로 더 큰 위험을 초래할 수도 있으므로 반드시 안전벨트를 착용하여야 해요. 또한 어린이는 에어백이 터질 때 부상을 당할 수 있으므로 반드시 뒷좌석에 타는 것이 더 안전하지요.

*아지드화 나트륨 – 나트륨과 질소로 이루어진 물질로서 물의 오염 정도를 측정할 때 사용하기도 하지요.

7. 바퀴는 언제 만들어졌을까요?

바퀴가 처음으로 사용되기 시작한 것은 탈것에 이용한 것이 아니라 도자기를 만드는 물레에 사용하였다고 해요. 그 후 바퀴가 탈것에 사용하게 된 것은 이보다 훨씬 늦은 몇 백 년 후였어요.

바퀴는 인류가 만들어낸 발명품 중에 가장 중요한 것 중의 하나인데, 교통기관의 기본적인 부품에서 빼어놓을 수가 없는 것이지요. 이처럼 중요한 바퀴가 탄생하게 된 기원을 살펴보면, 무거운 물건을 이동할 때 큰 힘을 들이지 않고 보다 쉽게 옮길 수 있는 방법을 생각하다가 만들게 된 것인데, 최초의 바퀴는 굴림대를 이용했답니다.

굴림대라는 것은 무거운 물건을 옮길 때에 그 물건 밑에 넣고 굴리는 굵은 통나무를 말하지요. 굴림대로 무거운 물건을 먼 곳까지 옮겨 놓으려면 많은 양이 있어야 하고, 또 다 옮긴 다음에는 뒤처리가 많아 복잡한 것이 흠이었지요. 그래서 더 편한 방법을 찾아서 노력한 결과 통나무를 잘라서 움직이고 싶은 물건에 단단하게 결합시켜 사용해 보았더니 무거운 물건을 쉽게 이

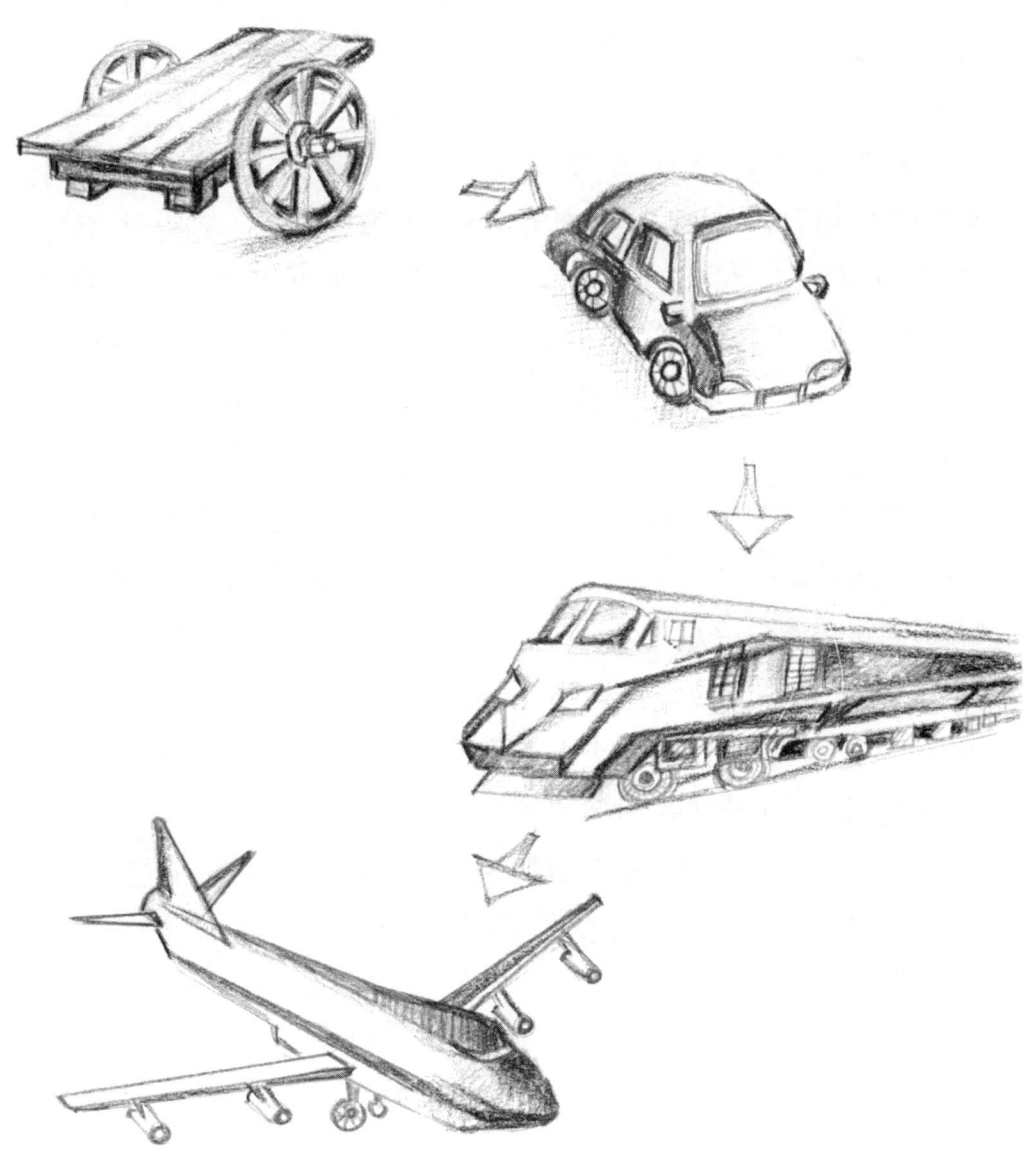

동할 수 있으며, 많은 굴림대도 필요 없고 뒤처리도 불편하지 않으므로 바퀴는 자연스럽게 이 세상에 그 모습을 보이게 된 것이지요.

세계에서 가장 오래 되었다고 하는 바퀴는 메소포타미아의 유적에서 발굴된 전쟁용 수레바퀴로, 기원전 3500 년경의 것으로 추정되는데, 이 바퀴는 통나무를 둥글게 자른 원판의 바퀴 모양이에요. 처음의 바퀴는 통나무 원통 모양을 그대로 사용하였는데 이때는 바퀴가 너무 무거워 사용하는데 매우 불편하였어요.

그 후 좀더 가벼운 바퀴를 만들기 위하여 통나무 원통에서 가운데를 파내고, 자전거와 오토바이 바퀴처럼 바퀴살을 이용하여 튼튼하면서도 잘 굴러가게 만들게 된 것이지요. 그 후 바퀴의 주요 부품에는 금속을 사용하게 되었고, 탄력이 좋은 고무바퀴가 나타난 뒤, 마찰 저항을 더 줄이려는 노력에 의하여 공기를 넣은 고무 타이어로 발달하여 나갔던 것이지요.

지금 우리들이 매일 보고 있는 바퀴는 지면과 바퀴의 한 지점이 맞닿아 있기 때문에 똑같은 무게라 할지라도 마찰력이 작아지게 되어 작은 힘으로라도 쉽게 끌 수 있게 되어 있어요. 그러나 사실은 바퀴에 주어지는 물체의 무게 때문에 지면과 바퀴는 한 점으로 맞닿는 것이 아니라 바퀴가 조금 찌그러진 상태에서 굴러가는 것이랍니다.

따라서 물체를 보다 쉽게 움직이려면 바퀴가 지면에 닿아 있

는 면적이 작아야 하고, 지면에 닿아 있는 마찰력보다 더 센 힘이 있어야 되지요. 그러므로 지면과 접촉면을 작게 하기 위해 타이어에 공기를 가득 넣으면 더 쉽게 바퀴를 움직일 수가 있게 되지요.

현재 우리들의 주위를 살펴보면 바퀴 달린 물건을 여기저기서 발견할 수 있습니다. 자동차는 물론이고 의자와 냉장고와 침대에, 여행용 가방은 물론이고 심지어는 어린이들의 신발바닥에도 바퀴가 달려 있음을 볼 수 있어요.

이처럼 바퀴가 나타남으로 해서 한곳에 머물러 있던 무거운 기구들을 큰 힘을 들이지 않아도 쉽게 옮길 수가 있으므로 점점 편리한 생활을 할 수 있게 되었어요.

〈함께 더 생각해 봐요〉

바퀴의 기능은 한정되어 있으므로 지금보다 더 빨리는 달릴 수가 없어요. 따라서 바퀴 없이도 빨리 달릴 수 있는 방법은 어떤 것이 있는지 생각해 보아요.

8. 끓고 있는 뜨거운 쇳물의 온도는 어떻게 잴까요?

우리들이 자주 보는 온도계는 수은이나 알코올의 성질을 이용한 온도계여요. 이들은 온도가 높아지면 부피가 팽창하여 눈금이 올라가고, 반대로 추우면 부피가 수축하여 눈금이 내려가서 온도를 알 수가 있어요.

우리들의 집이나 학교에서 온도를 잴 때 사용하고 있는 온도계는 수은이나 알코올이 팽창하는 성질을 이용하여 만든 것이지요. 이들 물질은 더우면 수은이나 알코올의 부피가 팽창하여 눈금이 올라가고 반대로 추우면 부피가 수축하여 낮은 눈금을 가리키게 되지요.

그러나 제철소에서 섭씨 1000도가 넘는 쇳물의 온도를 잴 때에는 이런 온도계로는 절대 온도를 잴 수가 없어요. 왜냐하면 쇳물에 온도계를 넣자마자 높은 쇳물 온도 때문에 순간적으로 녹아버리기 때문이어요.

따라서 다른 방법을 이용하여 온도를 재야하는데, 첫 번째 방법으로는 압력을 이용하는 것이어요. 사방이 막혀 있는 금속으로 만든 용기에 질소를 담아 놓고 가느다란 금속관을 통하여 압력계에 연결시켜 놓지요. 그 다음 측정하려는 물체를 금속 용기

에 담으면 뜨거운 열에 의하여 용기 내의 질소가 팽창하여 압력
계에 압력을 가하게 되는데, 이때 눈금의 수치를 보면 온도를
알 수가 있어요. 이런 방법으로는 섭씨 550도부터 영하 50도까
지 잴 수가 있답니다.

그리고 두 번째 방법으로는 열전온도계로 온도를 잴 수가 있어요. 이 방법은 서로 다른 두 개의 금속을 고리 모양으로 접합시켜 놓은 것으로, 한쪽 선은 일정한 온도로 유지시키고 다른 선을 재려고 하는 물체에 연결시켜 사용하는 것이지요.

여기에 사용하는 대표적인 물질로 백금과 로듐이 있는데, 이것으로 잴 수 있는 온도는 섭씨 1450도까지이니 대단하지 않아요? 또 다른 방법을 이용하면 섭씨 2000도까지 잴 수 있다고 하네요.

〈함께 더 생각해 봐요〉

섭씨온도라는 말은 이 온도 척도를 발명한 셀시우스의 이름을 따서 부르는 것이에요. 과학자 셀시우스는 스웨덴 사람인데, 오늘날 사용하고 있는 온도계를 직접 만든 것은 아니에요. 셀시우스는 물의 끓는점을 0˚로, 물의 어는점을 100˚로 오늘날 우리들이 이해하는 것과는 정 반대로 정하였는데, 5년 후 같은 대학의 다른 교수들이 오늘날과 같이 물이 어는점을 섭씨 0˚, 끓는점을 섭씨 100˚로 하였어요.

* 로듐이란 백금의 일종인데 백금은 아님

제 2 장
우리의 문화 유산

1. 귀틀집은 과학적인 기능이 있다

귀틀집은 나무가 많은 산간 지방에서 연장을 별로 사용하지 않고 통나무를 쌓아 올려 만든 집입니다. 울릉도에서는 투방 또는 투막집이라고 부르고 있는 데, 특히 귀틀집 벽에 흙을 채 워 넣었을 경우에는 화통집 이라고 불렀지요.

귀틀집은 깊숙한 산골에서 나무와 흙으로만 지었는데, 굵은 통나무들을 차곡차곡 쌓아서 벽과 기둥의 역할을 하도록 만든 후, 문과 창을 내고 그 위에 갈대나 얇은 돌로 지붕을 씌워 빗물이 안으로 들어오지 못하게 만든 일종의 통나무집이지요. 그런데 재미있는 것은 기둥도 없이 단지 통나무로만 쌓아서 만든 벽 위에 무거운 돌로 만든 기와를 올려놓아도 아무 문제없이 그 무게를 지탱할 정도로 귀틀집은 구조 자체가 튼튼한 것이랍니다.

귀틀집의 역사는 매우 오래되었는데 중국의 역사책인 삼국지에 의하면 나무를 옆으로 쌓아올려 집을 짓는데, 모양은 감옥을 닮았다고 적어놓고 있어요. 나무와 나무 사이가 엇물리는 네 귀가 잘 들어맞도록 도끼로 나무를 파내어 아귀를 지어 놓으며, 나무 사이의 틈은 진흙을 물에 개어 발라 메워서 바람이 들어오는 것을 막았지요.

천장에는 한쪽을 판판하게 깎은 나무 기둥을 촘촘하게 깐 다음 그 위에도 진흙으로 덮고, 마른 후에 얇은 돌이나 억새 또는 나무껍질을 벗겨서 덮으며, 이것이 바람에 날리는 것을 막기 위해 군데군데에 돌을 얹거나 통나무를 띄엄띄엄 걸쳐두는데, 한번 고치면 약 5년 동안은 계속해서 사용할 수 있었어요.

한국의 귀틀집은 안방과 윗방 등 두 개의 방만 귀틀로 짜서 만들고 나머지 부엌이나 외양간 등의 부속 공간은 나무나 풀로 엮어 벽을 만들어 사용하였어요. 울릉도에서는 워낙 눈이 많이 오는 지방이라 처마 안쪽으로 돌아가며 기둥을 세우고, 이에 의

지하여 새라는 풀로 엮은 담을 치고 농기구 또는 독 등의 살림 살이를 보관하기도 해요.

귀틀집은 동유럽에서 중앙아시아를 거쳐 북미대륙의 원주민 거주 지역에 이르기까지 널리 퍼져 있는데, 집 짓는 방법이 간 단하므로 기간이 오래 걸리지 않고 나무와 흙만으로도 지을 수 가 있으므로 건강상으로 대단히 좋은 집이라고 하는데, 이제는 거의 볼 수가 없게 된 것이 안타까워요.

귀틀집이나 너와집은 현재 문화의 발달로 거의 찾아보기가 힘들어졌지만 우리 민족의 오랜 주거 공간으로서 이용한 점에 대하여 높이 평가해 볼 필요가 있어요. 아울러 비록 과학적이지 는 못하였다 하여도 그 시대의 사람들이 손쉽게 구할 수 있는 재료를 이용하여 주거 공간을 마련한 것에 대하여 조상들의 슬 기를 엿볼 수가 있지요.

〈함께 더 생각해 봐요〉

요즘에 와서 기와집이나 초가집의 효능에 대하여 다시 연구를 시작하고 있으며, 흙이 사람들의 건강에 많은 도움을 주고 있는 것으로 알려지고 있는데, 흙이 우리들의 건강에 어떤 좋은 점이 있는지 찾아볼까요.

2. 수표교는 어디에 세워졌던 다리일까요?

수표교는 서울시 중구 수표동 43번지와 종로구 관수동 20번지 사이 청계천 위에 놓여 있던 다리로 세종 2년에 놓았는데, 그 당시는 이 다리 근처에서 말을 팔고 사던 마전이 있어 마전교라고도 불렀지요.

2005년 10월 1일 서울시에서는 그동안 청계천 위를 덮었던 모든 구조물을 걷어내고 청계천을 예전처럼 물이 흐르도록 손질을 하여 시민들이 자유스럽게 즐기도록 만들었지요.

청계천은 서울의 도심을 흐르기 때문에 그 위를 덮어서 고가도로를 만들어 서울의 교통난을 해결하기도 하였어요. 그래서 옛날 청계천의 본래 모습은 땅 속에 묻힌 채 몇 십 년이 지나갔기 때문에 조상들의 혼이 깃든 문화재도 함께 묻혔던 것이지요.

청계천은 서울 인왕산과 북악의 남쪽 기슭과 남산 북쪽 기슭에서 발원해 도성의 서에서 동으로 흐르는 연장 10.9km의 하천으로, 여름만 되면 물이 범람하여 주변에 사는 서민들은 자주 홍수를 맞아야 하는 골치 아픈 하천이었지요.

조선왕조의 임금들은 청계천 주변에서 살고 있는 한양 시민들의 불편을 덜어 주고자 이 하천에 많은 공을 들였으나 그 당시의 기술로는 큰 성공을 거두지는 못하였어요.

그 중에는 청계천의 상징인 수표교라는 다리가 역사의 흔적

을 많이 담고 있어요. 수표교는 6모로 된 큰 돌로 만든
다리 기둥에 도리를 얹고 그 사이에 넓은 돌을 깔
아 만들었는데 돌기둥이 특이하게 2단을
이루고 있어요. 돌기둥은 물의 흐
름과 마주하게 하여 물의 저항
을 덜 받도록 하였으며, 다리
난간에 새겨진 연꽃 봉오리와
연잎 등의 조각들이 매우 아
름답게 조각되어 있는 한편,
따로 수표석을 세워 장마철
에 물이 불어나는 상황을
수시로 적어 홍수에 대
비하기도 하였어요.

수표교라는 이름은 이 수표석에 유래하여 붙여진 거지요. 이 다리는 청계천을 건너는 다리의 역할만 한 것이 아니라 홍수의 조절을 위해 물의 양을 재는 역할을 했으며, 영조 36년에는 많은 경비를 들여 대대적인 하천 공사를 한 후 다리 동쪽에 준천사라는 관청을 두어 수시로 청계천에 흐르는 물의 변화를 한성판윤(지금의 서울 시장)에게 알려 홍수에 대비하기도 하였어요.

조선시대에는 수표교 건너에 왕의 영정을 모셔 놓았던 영희전이 있었기 때문에 국왕들이 설날, 한식, 단오 등 선왕들께 제사지낼 일이 있을 때에는 신하들을 데리고 자주 이 다리를 건넜던 것이지요. 또 매년 정월 대보름날이 되면 청계천 주위에 살고 있는 사람들이 이 다리로 몰려나와 밤을 새워가며 즐겨하던 답교놀이는 수표교에서 가장 성황을 이루기도 하였지요.

처음에 세운 수표교는 매끈한 화강암을 정교하게 다듬어 만들었고, 돌난간도 아름답게 꾸며 놓아 조상들의 솜씨와 재능의 우수함을 함께 알아볼 수가 있지요. 이처럼 한양사람들에게 친숙한 수표교는 한양 사람들에게 장마 때 강수량의 정도를 미리 알아 대피하도록 하여 생명을 구할 수 있도록 한 다리라는 점에서도 매우 의미가 깊다고 하겠어요.

〈함께 더 생각해 봐요〉

조선시대 청계천에 세워졌던 다리에 대하여 더 알아보고 조선왕들이 청계천 보수공사에 왜 열심이었는지 알아볼까요.

3. 청자사자 유개 향로는 어떤 청자인가요?

청자사자 유개 향로는 고려시대 청자가 한창 유명할 때 만들어진 것으로, 높이가 21.2㎝, 지름 16.3㎝로 대단히 수준 높은 예술품 중의 하나이에요.

청자사자 유개 향로는 향을 피우는 부분인 몸체와 사자 모양으로 만든 뚜껑으로 구성되어 있는데, 몸체는 3개의 짐승 모양을 한 다리가 떠받치고 있고, 전면에는 구름무늬가 가늘게 새겨져 있어요. 향로 뚜껑에 있는 사자는 앉은 모양을 하고 있으며 꽃무늬를 새겨 넣었답니다.

사자 모습은 입을 벌린 채 한쪽 무릎을 구부린 상태에서 앞을 보고 있는 자세이며, 두 눈은 검은 점을 찍어서 표현했어요. 사자의 목 뒤쪽과 엉덩이 부분에는 특이하게도 사자의 털을 자세하게 표현하고 있으며, 꼬리는 위로 치켜 올려 등에 붙인 모습을 하고 있어요.

엷은 녹청색을 띠며 광택이 은은한 이 향로는 몸체에서 피워진 향의 연기가 사자의 몸을 통하여 벌려진 입으로 내뿜도록 되어 있으며, 매우 아름답게 보이는데, 고려인들의 도공 솜씨가 매우 높은 수준에 와 있음을 이 향로 하나만 보아도 쉽게 알지요. 특히 이 사자향로에 대해서는 중국 송나라의 기술자들까지도 모양과 만든 솜씨를 보고 극찬을 했을 정도로 훌륭한 문화재이지요.

이 청자사자 유개 향로는 국보60호로 서울 종로구 세종로 국립중앙박물관에 보관되어 있는데, 12세기 전반의 고려의 청자기술이 최고조에 이르렀을 때, 이와 같이 복이 있어 보이고 길할 것 같은 동물이나 식물을 본뜬 청자들이 많이 만들어졌던 것이에요.

〈함께 더 생각해 봐요〉

현재 우리나라 각 지역에서 매일 흙과 씨름하면서 질 좋고 우수한 작품을 만들려고 노력을 아끼지 않는 분들이 있답니다. 여러분 중에서도 이 방면에 취미를 갖는 친구들이 있으면 더욱 연구해서 후손들에게 길이 물려줄 도자기를 만들어 보는 것도 대단히 뜻 깊은 일이 되는 것이지요.

4.숨쉬는 그릇 옹기는 어떻게 만들까요?

옹기는 아주 오래 전부터 우리 조상들의 가정생활에 없어서는 안 될 귀중한 생활도구였어요. 특히 음식물을 보관하는데 중요하게 사용하였는데, 각종 장류는 물론이고 김치를 담그기도 하였으며, 시골에서는 물동이로도 사용하였어요.

옹기는 크게 질그릇과 오지그릇으로 나누는데, 질그릇은 진흙만으로 초벌구이를 한 그릇으로 잿물을 입히지 않아 윤기가 없고 겉이 거칠거칠하지요. 그래서 조그마한 충격에도 잘 깨어지는데, 오지그릇은 질그릇에 유약을 입혀 다시 구운 그릇으로 윤이 나고 단단하며 질그릇보다 조금 강하지요.

옹기의 모양이 각 지역마다 각기 다른 것은 그 지역의 환경과 기후조건이 제각기 다르기 때문이래요. 중부지방은 일조량과 기온이 높지 않으므로 장을 담글 때 자외선을 충분히 쪼이게 하기 위해 입을 넓게 만들었는데, 이것도 과학적인 지혜가 숨어 있는 것이지요.

반면 남부지방은 중부지방에 비해 기온이 높고 일조량이 많으므로 옹기 입을 넓게 하면 수분 증발이 많으므로 이를 방지하기 위해 입을 좁게 만들고, 대신 어깨를 넓게 함으로써 옹기 표면으로

복사열을 보다 많이 받아들이도록 하였지요. 그러므로 남부지방의 사람들이 하는 방법대로 중부지방에서 장을 담그면 장맛도 다르게 나타나는데, 우리 선조들은 이미 과학적인 지식을 갖고 옹기의 제작과 음식문화를 발달시킨 것이지요. 일반적으로 '숨쉬는 그릇'이라 불리는 옹기는 현대에 들어와 더욱 과학적 진가를 인정받고 있지요.

옹기의 색은 흙의 재료와 유약의 종류 및 옹기를 굽는 불의 온도에 의하여 결정되지요. 옹기는 적어도 섭씨 1200~1300도라는 높은 온도에서 구워지는데, 잘 알려진 청자를 굽는 1250도보다 더 높은 온도이지요. 옹기가 숨쉬는 그릇이라는 평가를 받는 것은 옹기 속에서 섭씨 800도 이상에서만 나타나는 루사이트 현상이 일어나기 때문이에요.

옹기를 굽는 과정에 높은 온도로 가열하게 되면 옹기 벽 내에 들어 있던 결정수가 빠져나가는 대신에 그곳에 아주 작은 공간이 생기게 되는 현상을 루사이트 현상이라고 해요. 이 미세 공간은 공기는 통과시키지만 물은 통과시키지 않을 정도로 작아 스펀지와 같은 역할을 하지요.

따라서 비를 맞아도 빗물이 옹기 벽을 통해 안으로 들어가지 못하게 하면서 공기는 옹기 안과 밖으로 서로 통하게 하여 안에 저장된 음식물을 잘 익게 하고 또 부패하지 않게도 하지요. 다시 말해 옹기 밖 공기와 옹기 안 공기가 순환작용을 하기 때문에 간장이나 된장 김치 같은 음식물을 이상적으로 보관할 수가 있는 우리만이 자랑할 수 있는 그릇이지요.

이렇게 우리 겨레의 생활에서 아주 중요한 옹기는 잘 깨지지 않고 쓰기 편한데, 대량생산이 되는 플라스틱이나 스테인리스 그릇이 나오면서 1960년대 말부터 점점 쇠퇴하여 질그릇 문화가 사라질 위기에 처하고 있는 실정이지요. 그런데 요즘 전통 옹기의 우수성과 아름다움을 보존, 발전시키려는 움직임이 생기고 있는 것은 퍽 다행스러운 일이 아닐 수 없어요.

〈함께 더 생각해 봐요〉
옹기의 실용성과 과학성을 더욱 살려서 솜씨를 더 발휘하여 옹기그릇을 만든다면 세계에서 인정받는 그릇으로 다시 태어날 것으로 생각하고 있지요.

5. 성덕대왕 신종(에밀레종)은 어떻게 만들었을까요?

국보 제29호로 지정된 성덕대왕 신종은 높이 3.75m, 입 지름 2.27m, 두께 11~25㎝로 만들어졌으며 국립 경주 박물관에 소장되어 있어요.

한국 최대의 종으로 알려져 있는 성덕대왕 신종은 에밀레종 또는 봉덕사종이라고도 부르고 있어요. 에밀레종이라고 부르는 것은 이 종을 울리면 마치 어머니를 원망하는 듯이 에밀레 하고 처량하게 울린다고 해서 붙여진 이름이고, 봉덕사종이라고 부른 것은 이 종이 봉덕사에 달았기 때문이지요.

이 종에 얽힌 내용을 살펴보면 신라 35대 경덕왕이 그의 아버지 성덕왕의 명복을 빌기 위하여 크고 훌륭한 종을 만들려고 하였으나 그 뜻을 이루지 못하고 죽고 말았던 것이어요. 그러자 그의 아들 혜공왕이 그의 아버지의 뜻을 받아들여 771년에 구리 12만근(27t)을 들여서 종을 만들고 성덕대왕 신종이라 불렀던 것이지요.

이 종은 처음에 봉덕사에 걸었던 것을 조선의 세조왕이 울산시 울주군 삼평리에 있는 영묘사라는 절로 옮겨 걸었으나 홍수로 인하여 절이 떠내려가고 종만 남았으므로 종각을 짓고 보존

하다가 1915년 경주박물관으로 옮겼습니다.

이 종에 얽힌 전설을 살펴보면, 신라 성덕왕이 세상을 떠난 다음에 스님들은 훌륭했던 성덕왕을 위해서 종을 만들기로 했지요. 백성들도 존경하던 성덕왕을 위해서 종이 잘 만들어지기를 바랐기 때문에 스님들이 찾아오면 돈이나 곡식을 주었어요.

그런데 너무 가난해서 내놓을 것이 아무것도 없는 집을 찾아갔는데, 젊은 엄마는 부처님께 아무것도 줄 것이 없으니 필요하면 등에 업힌 딸이라도 주겠다고 하는 것을 스님들은 괜찮다고 발길을 돌렸지요.

그 후 스님들은 백성들이 낸 쌀과 돈으로 어렵게 종을 만들었지만 생김새가 아름다워 보이면 소리가 나쁘고, 소리가 좋으면 보기 싫게 금이 가버리는 것이어요. 그러자 스님들은 그 젊은 여자 때문이라고, 그때 등에 업혀 있던 여자아이를 쇳물에 넣으면 부처님이 화를 푸시고 좋은 종이 될 거라고 그 여자의 집을 찾아갔지요.

"저번에 아기를 주겠다고 말씀하셨지요? 아기가 필요해서 데리러 왔습니다."

하지만 부처님께 한 약속을 어길 순 없었어요. 여자는 하는 수 없이 스님들한테 아기를 주었어요. 스님들은 아기를 데리고 종을 만드는 곳으로 가서 아기를 펄펄 끓는 쇳물 속에 집어넣어 종을 만들었더니 신기하게도 지금까지 한 번도 본 일이 없는 훌륭한 종이 만들어 진 것이어요.

　백성들은 종이 다 만들어졌다는 말을 듣고 크게 기뻐한 나머지 종소리를 듣기 위해서 여기저기에서 몰려왔어요. 처음으로 종을 쳐보았지요. 그 종소리를 들은 백성들은 깜짝 놀라고 말았어요. 종이 울리면서 나는 종소리가 '에밀레~ 에밀레~' 하는데 마치 엄마를 부르는 아기의 목소리로 들렸던 거예요. 그 다음부터 이 종을 에밀레종이라고 불렀습니다.

〈함께 더 생각해 봐요〉
우리나라에 있는 종에 관한 전설을 찾아서 더 알아보세요.

6. 석빙고에 들어 있는 지혜는 무엇일까요?

석빙고는 얼음을 저장하기 위해 돌로 만든 창고이에요. 냉장고가 없던 옛날 겨울에 강에서 채취한 깨끗한 얼음을 저장했다가 여름에 사용하는 석빙고는 일반적으로 땅을 파고 만들었어요.

석빙고는 기록에 의하면 신라시대부터 만들어졌다고 하는데 지금 남아있는 것은 모두 조선시대에 만들은 것으로 그 구조가 거의 비슷하지요. 석빙고의 모양을 밖에서 보면 마치 무덤처럼 보이지만 내부는 땅을 깊게 판 다음 안쪽 벽은 돌로 쌓고, 바닥은 경사지게 만들어 물이 빠지도록 되어 있어요.

천장은 무지개 모양으로 쌓아올려 둥근 원의 모양을 하고 있

으며 환기구멍이 있어요. 현재 경주 석빙고와 안동 석빙고, 창녕 석빙고, 청도 석빙고, 현풍 석빙고 등이 남아 있어요.

석빙고의 구조를 보면 화강암으로 되어 있는데, 천장은 1~2미터의 간격을 두고 둥근 아치형으로 만들고, 그 사이의 움푹 들어간 빈 공간은 내부의 더운 공기를 빼내는 곳이지요. 그리고 위쪽에 설치된 환기구는 석빙고 안에 갇힌 더운 공기를 밖으로 빼내는데, 이것은 바로 더운 공기는 위로 뜬다는 사실을 이용한 것이죠.

이렇게 해서 석빙고 내부의 온도는 한여름에도 0도 안팎을 유지할 수 있었다고 해요. 그리고 바닥은 물과 습기를 빠르게 밖으로 빼내는 배수로의 역할이 중요한데, 빗물을 막기 위하여 석빙고 외부는 석회와 진흙으로 방수벽을 만들었지요. 그리고 얼음과 벽 및 천장 틈 사이에는 왕겨나 톱밥 등을 단열재로 채워 넣어 외부에서 들어오는 열을 차단하였기 때문에 석빙고 속에 있는 얼음은 한여름에도 거의 녹지 않고 견딜 수 있었지요.

석빙고에 저장하는 얼음의 두께는 12cm 이상이어야만 보관할 수 있었던 것은, 너무 얇으면 쉽게 녹을 염려가 있기 때문이지요. 이 석빙고 하나에도 현대 과학도 놀라워 할 과학적인 지혜가 들어 있었던 것입니다.

〈함께 더 생각해 봐요〉
석빙고를 만든 장소로는 어떤 곳이 적당할까요?

7. 경복궁은 어떤 과정을 거쳐 세워졌었을까요?

경복궁은 조선왕조의 임금님이 거처하던 궁전을 말하지요. 조선이 건국한 후 태조 이성계는 정도전 등이 수도를 개성에서 한양(지금의 서울)으로 옮겨야 한다는 상소에 따라 수도를 옮기려고 했지요. 태조 2년에 이미 경복궁 공사가 시작되었고, 2년 후에 완성 될 때를 기다려 천도를 하였답니다.

이성계 일파에 의하여 고려가 망하고 조선이 건국하되 전국의 유생과 백성들은 조선을 인정하지 않았지요. 더구나 고려의 도읍지인 개성은 그러한 경향이 더욱 강하였답니다. 개성의 수창궁에서 즉위한 태조 이성계는 그러한 것을 잘 알고 있었으므로 서울로 천도를 실행하게 된 것이어요.

경복궁을 비롯한 당시 서울의 설계자와 시공 담당자는 정도 전과 하륜이 맡아서 진행하였는데, 처음의 경복궁 규모는 210여 동이었으나, 현재에는 10여동 정도만 남아 있지요.

경복궁의 특징은 우리나라의 다른 궁궐과는 다르게 중국 고대의 양식을 그대로 본따서 건축한 것이지요. 경복궁은 임진왜란 중에 노비들의 반란으로 많은 수가 불타 없어지자, 고종 5년에 흥선 대원군에 의하여 다시 복원이 되었지만 일제시대 대대적인 파괴로 인하여 처음 규모의 80%가 사라져 버렸어요.

예로부터 우리나라는 중국에서 들어온 풍수지리설에 의하여 명당이 있다고 믿고 그 땅의 기가 후대에까지 복을 누린다고 믿었지요. 그리하여 경복궁의 자리는 풍수지리상으로 한반도에서 가장 좋은 명당에 해당되는 지형이라고 합니다.

백두산에서 발원하여 동해안을 따라 내려오는 백두대간은 금강산 부근에서 서쪽으로 한 가지를 뻗어내려 도봉산을 이루고 북한산에 이르게 됩니다. 그래서 북한산 줄기의 경복궁은 백두산 정기를 이어 받는다고 생각을 하고 있어요. 또한 낙산과 인왕산은 경복궁을 감싸 안고 남쪽에는 남산이 앞을 막아 주므로 복이 새어 나가지 않게 해준다고 해요.

〈함께 더 생각해 봐요〉
경복궁 안에 있는 문화재는 어떤 것들이 있는지 더 알아보세요.

8. 조선시대 판옥선은 어떻게 만들었을까?

조선시대 임진왜란이 일어났을 때 우리 수군을 승리로 이끌었던 배는 판옥선인데, 이 군함은 우리나라만 가지고 있는 독창적인 군함이지요.

판옥선은 임진왜란이 일어나기 37년 전인 명종 10년에 만들어졌는데, 그 이전까지 조선의 수군은 맹선제라는 배를 가지고 바다를 지켰지요. 이 배는 전투인원이 80명이 타는 대맹선과 또 60명이 타는 중맹선 그리고 30명이 탈 수 있는 소맹선이 있었는데, 이 배들은 모두 왜선에 비해 배의 크기가 컸으며 속력이 느린 단점을 갖고 있었어요.

당시 우리나라 연안을 자주 침범하던 왜구가 가지고 있는 배는 조선의 군선에 비하여 선체가 작고 속력이 빨라서 조선 군선은 우리 해안을 침범한 왜구들을 도저히 추격할 수가 없었던 것이어요. 그래서 조선 수군은 왜구선을 추격하기 위해 소형 군선을 만들어 작전을 해보니 왜구선을 추격할 수는 있었으나 전투에서는 번번히 패하고 말았던 것이어요. 그 이유는 선체가 작아 적의 배를 따라잡을 수는 있으나 적을 제압할 병사와 무기가 부족했기 때문이지요.

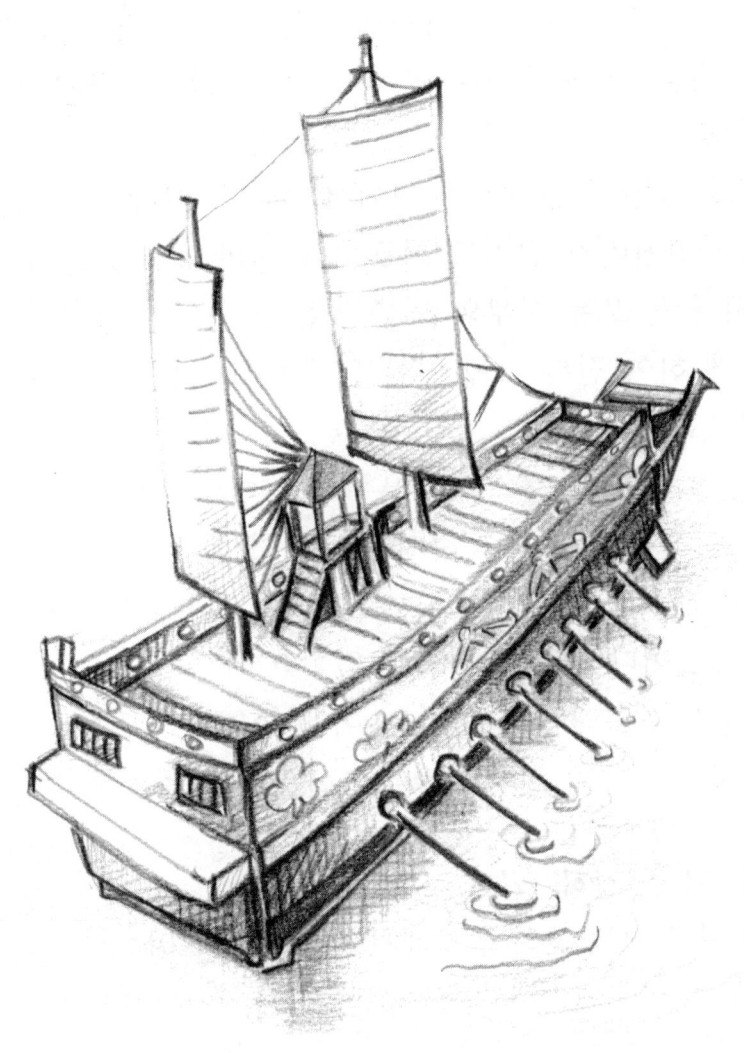

　이처럼 왜선에 대하여 조선 군선이 적절하게 대응하지 못하
자, 여러 가지 배를 만들어 실험을 한 끝에 백병전을 위주로 하
는 왜선을 제압하도록 만든 것이 판옥선이라는 배였어요.

이 배는 첫째 견고하기 때문에 파도가 쳐도 항해가 가능하며 동시에 6문의 포를 발사할 수 있게 만들었고, 둘째 선체가 길고 커서 백병전을 위주로 하는 왜군의 돌입을 저지할 수 있었지요. 셋째 포를 갑판에 설치하여 위에서 아래를 향해 포를 발사하기 때문에 사정거리가 멀어도 목표물을 정확하게 맞힐 수가 있으며, 넷째 활을 쏘는 사부와 노를 젓는 노군을 비교적 안전한 배 안에 있게 하여 전투 시에 위험을 줄여 사기를 높일 수 있게 만든 것이지요.

충무공 이순신도 판옥선의 우수성에 대해 "왜군이 해전에 패한 것은 그들이 수전에 능하지 못해서가 아니라 우리의 군선이 견고하고 대포를 정확하게 발사하여 안전하게 전투에 임할 수 있었기 때문이다"라고 말할 정도였어요.

판옥선은 임진왜란을 승리로 이끈 후에도 계속해서 조선의 바다를 지키는 주력 전선으로서 조선의 국토를 보호하였지요.

〈함께 더 생각해 봐요〉

판옥선은 조선 해군이 전투에서 이기기 위하여 우리 지형과 형편에 맞도록 특이하게 만든 군선이지요. 우리나라 지형에 맞는 과학적인 신무기의 발명은 우리나라가 세계 속의 강국이 되는 지름길이므로 평소에도 과학적인 생각을 갖고 생활하기를 바랍니다.

9. 불국사는 무언 때문에 네계적인 문화재가 되었을까요?

불국사는 석굴암과 같이 서기 751년 신라 경덕왕 때 김대성이 창건하여 서기 774년 신라 혜공왕 때 완공된 사찰이어요.

경주 토함산은 신라인의 높은 기상과 의욕이 골골마다 서려 있는 산으로, 이 산은 밖으로는 왜구의 침입을 막아주는 튼튼한 성벽의 역할을 하기도 했으며, 안으로는 신라를 지키는 부처님을 모시고 있었던 곳이지요.

불국사는 751년(경덕왕 10년) 김대성에 의해 창건되었는데 고려와 조선을 거치면서 몇 차례 손질을 했지요. 임진왜란 때 거의 불타버려 폐허 상태로 있었으나 그 후 보수공사를 하여 지금의 모양을 갖추게 되었어요.

경주시 토함산 서쪽 중턱에 자리 잡고 있는 불국사는 신라인들의 깊은 불교사상과 천재 예술가의 혼이 한데 어울려 만들어 낸 세계적으로 우수한 예술품이에요. 이처럼 불국사는 신라인이 마음 속에 간직하고 있던 불심의 세계를 지상에 옮겨 놓은 것으로, 석가모니불이 추구하는 극락세계를 연상해서 사람이 사는 곳에 꾸며놓은 것이지요.

불국사의 건축 구조를 살펴보면 어느 하나 문화재로서 부족

함이 없는데, 대웅전을 비롯한 청운교와 백운교 그리고 다보탑
과 석가탑 등은 너무도 섬세하게 조각되어 있으므로 그 정교함
과 세련된 기술에 놀라움을 금할 수가 없어요.

　불국사에 설치한 독특한 석조 구조물은 창건 당시에 세워진
것이고, 목조건물은 전란으로 인하여 타버려 그 후에 다시 건축
한 것이에요. 불국사에 있는 석조물들을 살펴보면 돌을 마치 흙
을 가지고 모양을 만들듯 너무도 정교하게 다듬어 여러 가지 모
양을 화려하게 구성했는데, 특히 연화교와 칠보교의 잘 다듬은

돌기둥과 둥근 돌난간은 그 세련되고 섬세함에 보는 이들은 저절로 감탄사가 나올 정도이지요.

불국사에 있는 8.2m의 석가탑은 전체의 균형이 알맞아 간결하고 장중한 멋이 있으며, 높이 10.4m의 다보탑은 정사각형 기단 위에 세밀하게 잘 다듬은 돌을 마치 나무처럼 아귀를 잘 맞추었는데, 독특한 구조와 독창적인 표현법은 예술성이 매우 뛰어난 것으로 평가되고 있어요.

불국사는 사적 명승 제1호로 지정 관리되고 있으며, 불국사 내 주요 문화재인 다보탑과 석가탑 그리고 청운교와 백운교 연화교와 칠보교 및 불국사는 1995년 12월 석굴암과 함께 세계문화유산으로 공동 등록되어 있답니다.

〈함께 더 생각해 봐요〉
석굴암은 어떻게 건축되었는지 더 알아보세요.

신기한 세상 재미난 이야기

제3장

조상들의 놀라운 지혜

1. 조상들은 어떤 방법으로 몸에 낭처를 내지 않고 멸치를 잡았을까요?

바닷물에 잘 썩지 않는 참나무나 대나무 말뚝을 V자 형태로 바다에 박아 놓고 물 흐름에 따라 고기가 몰려들면 맨 끝에 가 두어진 그물에 걸린 고기들을 건져 멸치를 잡는 방법을 죽방렴 이라고 하지요.

70

현재와 같이 그물을 이용해 멸치를 잡으면, 그물을 걷어 올리는 과정에 멸치 몸에 상처가 많이 생겨 일등상품이 되지 못하지만, 죽방염으로 잡은 멸치는 비록 그 양은 적지만 상처를 입히지 않고 멸치를 잡을 수 있어서 지금까지도 이루어지고 있어요.

죽방염에서 직접 멸치를 거두어 올리는 횟수는 하루 2회로, 보통 바닷물이 빠지는 썰물 때 멸치를 건져 올리게 되지요. 죽방염에 잡힌 멸치는 사람이 일일이 뜰채로 조금씩 떠서 끓는 물에 살짝 데치기 때문에 비늘 하나 파손되지 않고 원형 그대로를 유지할 수 있어 신선도에서 훨씬 앞서므로 값이 비싸지요.

죽방염을 설치하기 적당한 곳은 조수간만의 차가 크고, 수심 10m 정도의 곳이면 모두 가능한데, 이 같은 조건을 갖춘 곳이 전국에서 경남 사천과 남해 지역 단 2곳뿐이라고 합니다. 물의 흐름이 빠른 청청해역으로 이름난 사천만과 광진만은 많은 멸치 종류가 살고 있는 곳이기도 하지요.

이처럼 죽방염으로 잡은 멸치는 인기가 대단해서 그 값이 일반 멸치의 10배 이상이나 더 받을 수 있어요. 죽방염의 기원은 문헌상으로는 1500년까지 거슬러 올라가지만 대중화된 것은 일본에게 나라를 빼앗겼던 때라고 해요.

한때 삼천포와 사천만 일원을 중심으로 100여 개에 달했던 죽방염이 지금은 건설에 밀려 찾아보기가 쉽지 않아요. 물의 흐름을 이용해 고기를 잡는 죽방염은 대단히 낙후돼 보이지만 멸치를 상처 없이 잡을 수 있다는 깊은 지혜가 들어있는 것이에요.

〈함께 더 생각해봐요〉
조상들은 독살로도 고기를 잡았는데 독살은 어떤 방법으로 고기
를 잡는 것인지 알아보아요.

2. 조선시대 노인직이란 어떤 벼슬을 말하는 걸까요?

조선시대에 조정에서는 오래 사시는 노인들을 장려하고 축하해주기 위해 노인직이라는 관직을 별도로 만들어 양반과 천민을 구분하지 않고 80세 이상이 되는 노인들에게 모두 품계를 내리는 제도가 있었어요.

조선시대에 만들어진 양노연 제도라는 것은 노인의 지위와 권위를 뒷받침하기 위하여 실시된 정책으로, 쌀과 고기 등의 식량과 음식을 만들어 대접하여 노인들에게 하루를 즐기며 기분 좋게 잡숫도록 하였으며, 그 자리에서 노인직이라는 명예직도 수여하였지요.

양노연은 서울인 경우에는 궁중에서 행해지지만 지방에서는 지방관리가 왕을

대신하여 80이 넘은 노인들에게 각종 음식과 푸짐한 선물을 나누어주었지요. 매년 가을이 되면 왕비는 직접 여자 노인들을 위한 양노연을 베풀었는데 이때에는 신분의 높고 낮음을 떠나서 80이 넘는 노인들에게 존경하는 시범을 보였지요. 특히 조선시대에는 100세 이상의 노인에게는 매년 연초에 쌀을 하사하였으며, 매월 초에 술과 고기를 내리도록 제도화하였어요.

노인직이라는 것은 효사상에서 비롯된 것으로, 노인을 공경하고 효를 강조하기 위한 조정의 정책이므로, 노인직이라는 관직은 하나의 명예직일 뿐이며 실질적인 관직은 아니랍니다. 양민이나 천민의 경우에도 노인직이라는 품계는 내려지지만 아무런 권한은 없어요. 따라서 천민이 노인직을 받았다 하더라도 천민이라는 신분은 그대로 유지되는 것이고, 그 자손들도 천민 그대로 남은 것이지요.

〈함께 더 생각해 봐요〉

현재의 우리 사회는 가치관의 혼란과 물질만능의 타락된 문화가 너무도 많이 퍼져 있는 관계로 어른을 공경하는 미풍양속을 찾아보기가 어렵지요. 조선시대에 효행을 한 분들을 찾아보고 어떤 방법으로 행하였는지 알아보세요.

3. 안경을 처음 사용한 조선의 왕은 ?

우리나라에 안경이 처음 나타난 것은 임진왜란을 전후한 시기였어요. 그 당시의 안경알은 유리로 만든 것이 아니라 수정을 갈아서 만든 것이었지요. 처음에는 중국(명나라)을 통해 조금씩 전래되다가 1600년 초 경주에서 처음 안경이 제작된 것으로 짐작하고 있어요.

우리나라 사람들은 처음에는 안경에 대해 '게 눈깔 같다'며 별로 좋지 않은 생각을 갖게 되어 당당하게 안경을 착용하지 못하였어요. 현재 우리나라에서 가장 오래된 안경은 조선 선조 때 문신이었던 김성일씨가 가지고 있던 안경이라고 합니다. 또한 정조실록에 보면, 정조왕은 안경을 착용했다는 기록이 있는데 이때 정조가 쓴 안경 알은 옥으로 만든 것이었고, 안경 다리는 실로 만들었으며, 안경테는 옥으로 만들었다고 해요.

조선의 마지막 왕인 순종 역시 안경을 썼는데 부왕인 고종의 앞에서는 절대로 안경을 끼지 않았지요. 그 시절 안경은 높은 신분 혹은 나이가 많은 사람만이 사용할 수 있는 것으로 생각했고, 따라서 당시 어른 앞에서는 안경을 끼면 불경스럽게 생각했기 때문이지요.

뿐만 아니라 그 시절에는 제사를 지낼 때에도 반드시 안경을 벗어 놓고 제례를 올렸어요. 하지만 개화가 되고 구한말 외교사절단들이 맘 놓고 안경을 쓰고 돌아다니자 일반 백성들에게도 안경이 보급되어, 심지어는 궁녀들까지도 안경을 착용하게 되었어요.

〈함께 더 생각해 봐요〉

현재 많이 사용하고 있는 안경은 날씨가 춥게 되면 김이 서려 앞이 안 보일 경우가 자주 있어 위험하기 그지없지요. 따라서 어떤 나쁜 조건에서도 앞이 잘 보이게 하고, 밝기에 따라 안경 도수가 자연적으로 맞혀지는 안경이 나타난다면 얼마나 좋을까요.

4. 조상들은 어떤 비옷을 입고 일을 했을까요?

농사철에 비가 많이 내리는 우리나라에서는 빗속에서도 일을 할 수 있는 비옷이 매우 발달하였어요.

조상들이 비가 올 때에도 들에 나가서 일할 수 있도록 만든 도롱이는 짚이나 띠 종류의 풀로 두껍게 엮어 어깨에 걸쳐 입는 비옷의 일종으로, 양 팔 부분은 활동이 편하도록 조각을 따로 붙여 만들었지요. 이 도롱이는 비를 막아주는 역할도 하지만 체온을 유지시켜 주어, 비를 맞으며 일을 할 때 편리하게 만든 지혜가 있는 비옷이에요.

지금은 비닐 비옷이 많이 생산되기 때문에 간편하게 입고 일을 할 수가 있으나 비닐이 없던 옛날에는 도롱이는 정말로 편리한 비옷입니다. 그러나 현대적인 비옷이 발달함에 따라 점차 그 모습을 찾아보기 어렵게 되었어요.

한편 오늘날의 우산과 같은 역할을 한 삿갓은 대나 갈대를 가늘게 쪼개어 엮어 만든 일종의 머리에 쓰고 비를 피하는 도구인데, 가운데는 뾰족하게 위로 솟아나게 하고, 둘레는 육각이나 동그랗게 만들며 속에는 머리에 맞게 틀을 만들어 머리에 쓸 수가 있으므로 두 손을 자유롭게 움직일 수가 있었지요. 이 삿갓은 비가 내리면 비받이 구실을 하고, 햇빛이 나면 빛을 막아 주는 역할도 했어요.

오늘날과 같은 우산을 사용하기 시작한 것은 18세기 후반이라고 하는데, 처음에는 들기름을 먹인 종이로 우산이나 비옷을 만들었지만, 19세기 후반에 들어와서 고무를 붙인 천이 발명된 이후 우비 산업이 크게 발달하게 되었어요. 우산은 동양에서 먼저 생겨났다고 하는데, 처음에는 주로 강한 햇빛을 가리는 양산으로 사용하다가 비를 피하는 우산의 역할을 하게 된 것이에요.

〈함께 더 생각해 봐요〉
우리나라에 우산은 어떻게 보급되어 왔는지 더 알아볼까요.

5. 조선의 왕은 화장실 사용을 어떻게 했을까요?

조선 시대 궁궐에서는 매화틀이라는 이동식 변기를 사용하였답니다. 매화틀이란 일종의 요강에 임금님이 배설을 하면 대기하고 있던 상궁이 즉시 밖으로 가지고 나가지요. 그러면 문 밖에서 대기하고 있던 어의는 매화틀 안에 담긴 변을 보고 임금님의 건강 상태를 확인하였던 것이에요.

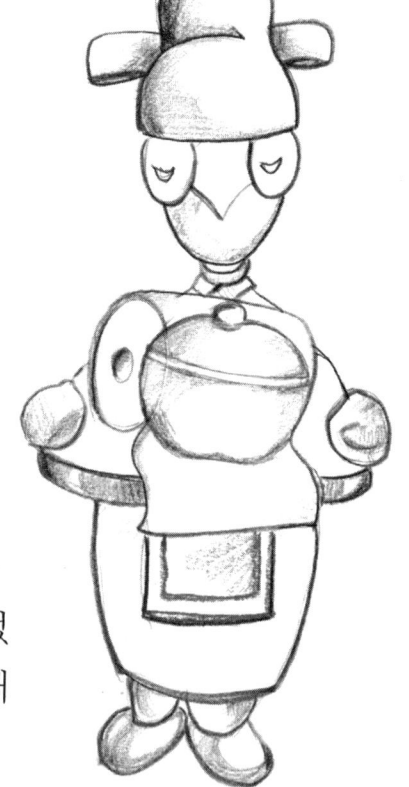

매화틀 그릇은 사기나 청동으로 만들었는데, 밑은 서랍 형식으로 되어 있어 쉽게 밀어 넣고 뺄 수 있게 만들었지요. 그리고 그 그릇 안에는 재나 목화를 가득 담아서 용변을 볼 때 소리가 나지 않게 하였을 뿐만 아니라 냄새도 나지 않게 하는 지혜도 발휘했지요.

때때로 어의는 왕의 건강을 살피기 위해 직접 변의 색깔과 맛을 보았을 정도로 세심하게 관찰하였다고 해요. 매화틀을 이용하면 대소변 모두를 해결할 수 있었지만 요강 같은 간편한 변기는 소변볼 때

함께 사용했을 것으로 생각할 수가 있어요.

조선시대에는 보통의 가정에서도 남자들은 작은 요강을 바지 속에 넣고 소변을 보았는데, 하물며 임금이나 왕비가 겹겹이 입은 아래옷을 다 벗어야 앉을 수 있는 매화틀에서 소변까지 보았다고 생각하기는 어렵기 때문이지요.

만조 백관과 군사들의 호위를 받으며 장거리를 행차하던 어가 속에서 상감의 생리적 현상은 역시 요강으로 처리했을 가능성이 높은 것이지요. 또한 가마 속에서 얼굴을 보일 수 없었던 왕비나 이에 버금가는 궁중의 귀인들 역시 요강 같은 그릇을 이용했을 것으로 추측되지만, 그것은 단지 추측일 뿐 정확한 사료가 남아 있는 것은 없어요. 다만 일반 가정에서는 옛날 '길 요강'이라는 것이 있어서 두루 이용되었다는 것을 보면 상감의 행차에까지 이용되지 않았을까 생각하고 있지요.

〈함께 더 생각해 봐요〉
수세식 화장실의 문제점은 무엇이 있는지 더 깊이 생각해 봅시다.

6. 한 집안이 300년 동안 부자로
날 수 있었던 까닭은?

경주에 살았던 최부자는 놀랍게도 12대에 걸쳐 300년 동안 쌀 만석을 거둬들였던 부자 집안이지요. 이 가문이 이처럼 오랜 세월 동안 부자로 살았던 것은 우연히 그렇게 된 것이 아니고 철저히 인권을 존중하고 어려운 이웃을 도와주며, 부자라고 거드름을 피우지 않을 수 있는 가훈을 그 후손들이 열심히 지키고 따랐던 때문이었어요.

경주 최부자 집안의 가훈을 살펴보면, 첫째로 과거를 보되 진사 이상은 하지 말라고 한 것은, 벼슬이 높아지면 자칫하다 당쟁에 휘말리게 되어 재산은커녕 집안이 망하게 되는 것을 염려했던 거지요.

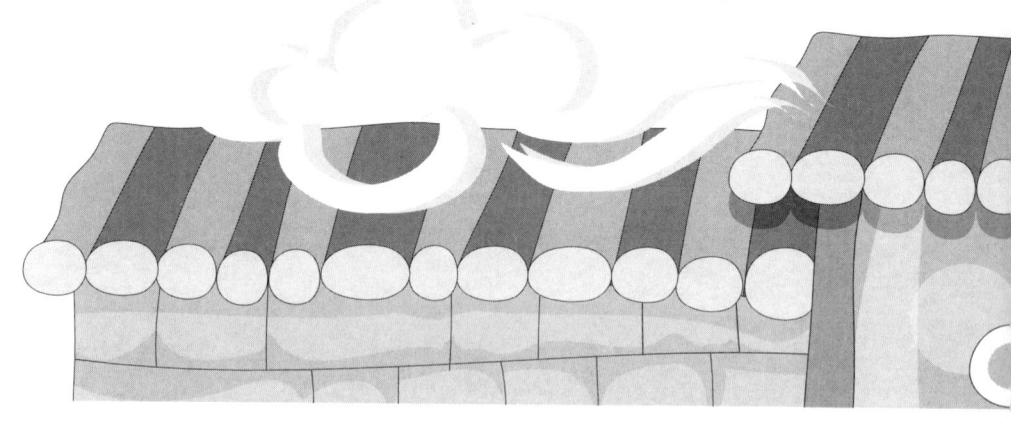

둘째로 재산은 만석 이상을 갖지 말라고 한 것은 욕심을 부리지 말고 어려운 이웃들을 돌보아 원성을 사지 말라는 뜻이며, 셋째로 과객을 후하게 대접하라는 것은 모든 사람들에게 인정을 베풀어 적을 만들지 말라는 뜻이었지요.

넷째로 흉년이 들면 땅을 사지 말라는 뜻은 가난한 사람들을 생각해서 어려운 그들의 처지를 같이 이해하며 돌보아 주라는 뜻이며, 다섯째로 며느리들은 시집온 후 3년 동안 무명옷을 입으라고 한 뜻은 검소, 절약하는 방법을 몸소 깨닫게 한 것이고, 여섯째 사방 백 리 안에 굶어죽는 사람이 없게 하라고 한 것은 널리 살펴보아 어려운 사람들이 있으면 도와주라고 한 것이지요.

최부자 집은 이러한 가훈을 그 후손들이 모두 철저하게 실천했는데, 정당하게 재산을 모으고, 모은 재산을 적당하게 사회에 돌림으로써 지금까지 서민들의 존경을 받고 있는 것이랍니다.

최부잣집의 터를 일군 최진립이라는 분은 임진왜란과 정유재

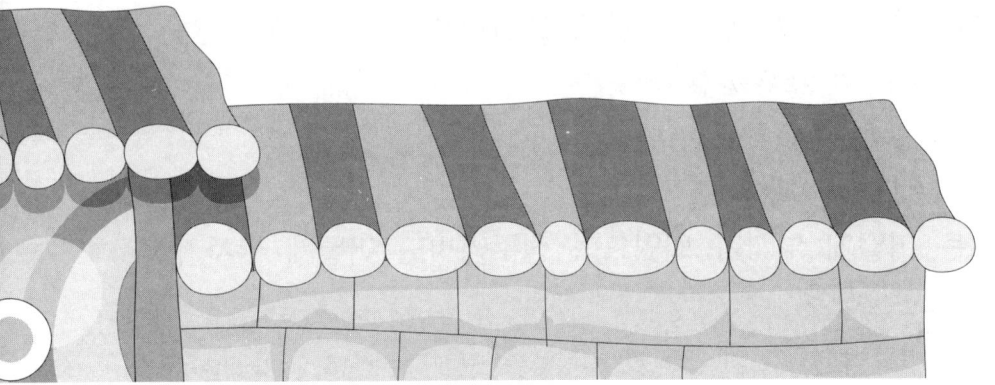

란 때 의병으로 나가서 왜적과 싸웠으며, 병자호란 때 다시 청나라 군에 맞서 싸우다 숨진 분이지요. 그의 아들 최동량은 개간과 새로운 농사법을 도입하여 재산을 일으킨 후부터 최 부잣집은 부자로서의 바른 행동과 마음가짐으로 이웃들에게 300년 동안이나 베품을 실천해 온 집안이었지요.

1671년 남쪽 지방에 큰 흉년이 들었을 때, 후손인 최국선씨는 "모든 사람들이 굶어죽을 형편인데 나 혼자 재물을 갖고 있어 무엇하겠느냐?"며 바깥마당에 큰 가마솥을 내걸고 창고 문을 열어 굶주린 사람들을 도와준 실화는 지금도 잘 알려진 사실이에요.

학자들의 최근 연구에 의하면 최 부잣집은 흉년 때마다 경상북도 인구의 10%에 이르는 사람들에게 곡식을 나누어 준 것으로 나타났어요. 그 때문에 동학혁명이나 다른 전쟁 때에도 다른 부잣집과 달리 그들은 조금도 화를 당하지 않았지요.

이처럼 부자임에도 주위 사람을 위하고 베푸는 마음을 가져야 하겠지요. 요즘 좀 가졌다고 특권의식을 가진 일부의 사람들이 이런 이야기를 듣고 배워 실천에 옮긴다면 우리 사회는 더한층 신바람이 나지 않을까요?

〈함게 더 생각해 봐요〉

빌게이츠는 어떻게 부자가 되었으며 정주영씨도 어떻게 부자가 되었는지 알아보세요.

7. 한국 여성들은 어떻게 성인식을 하였을까요?

현대에 와서 스무 살 성년이 되면 부모가 꽃다발이나 카드 같은 것으로 자식의 성장을 축하하는데, 어른이 되었다는 것을 공식적으로 인정하는 성년식은 나라와 문화에 따라 다르지만 어느 나라나 갖고 있는 풍습 중의 하나이지요.

옛날 우리나라 여성들이 성인식을 하는 시기는 소녀들의 가슴에 젖멍울이 막 생길 무렵이었다고 해요. 이때 동네에서 먼저 성인이 된 처녀들이 찾아와 성인식을 주관하게 되는데, 물론 공식적인 것은 아니었고 누가 하니까 따라 하는 식으로 내려오는 단순한 전통이었어요.

성인식을 치를 소녀가 있는 집에서는 치

마의 윗부분인 치마말기가 유난히 넓고 단단한 치마를 준비하
는데 이를 다듬이치마라고 불렀어요. 이 치마 말기 끝에는 각각
두 개씩 모두 4개의 끈이 튼튼하게 달려 있는데 이 끈은 치마를
단단히 조이기 위한 것이에요.

동네 처녀들은 이 다듬이치마를 성인식을 치를 소녀에게 입

힌 다음에 네 명이 치마끈 네 개를 각각 잡고 양쪽에서 세게 잡아당기는 것이에요. 그러면 치마말기 안에 있는 소녀의 가슴을 강하게 압박하는 것이지요. 소녀의 갓 성숙한 젖멍울은 몹시 예민하기 때문에 약간만 압박을 가해도 아프기 마련인데, 네 명이 양쪽에서 치마끈을 잡아당겨 가슴을 압박하니 그 아픔은 말할 수 없을 정도로 고통이 심했을 것이지요.

그런데 아프다고 소녀가 비명을 지르면 성인식은 처음서부터 다시 해야 하는데, 소녀가 비명을 지르지 않을 때까지 다시 가슴 조이기를 해야 하는 것이지요. 따라서 소녀는 아픔을 참기 위해 갖은 몸부림을 치며 고통을 이겨내려고 이를 악물어 비명만은 지르지 않아야 합니다.

그 옛날 한국 여성들은 젖가슴이 생기기 시작하면서 고통도 동시에 시작되었던 것이지요. 그 시절 여인들이 치마를 입는 방법은 가슴 위에서 끈으로 꽉 조여져 손가락이 들어가지 않을 정도로 강하게 동여 매었지요. 그러므로 지난날 소녀들이 성인이 된다는 것은 큰 고통 하나를 안고 살아야 된다는 것이었어요.

〈함께 더 생각해 봐요〉

성인식은 나라마다 그 방법이 매우 특이하고 다르므로 각국의 성인식을 이 기회에 찾아보기 바랍니다. 소수민족들이 특히 재미있으며 아프리카에 사는 민족들의 성인식도 찾아보면 흥미 있을 것입니다.

8. 안성맞춤은 무엇을 만드는 것일까요?

안성지방에는 놋쇠를 만드는 공업이 다른 지방보다 훨씬 많이 성행하였어요. 놋쇠로 만든 생활도구를 유기라고 하는데 놋쇠는 구리에다 주석을 섞은 합금이며 청동기시대의 청동도 놋쇠이지요.

우리나라 유기의 역사는 멀리 청동기시대로 거슬러 올라가는데, 신라에는 철유전이라는 유기 전담기관이 있었을 정도로 중요하게 생각했어요.

고려시대에는 유기제작기술이 더욱 발달하여 얇으면서도 세밀한 유기를 만듦으로써 금속공예의 수준을 한껏 높였으며, 놋쇠가 평민층까지 확산되어 각종 생활용기 및 농악기나 절에서 사용하는 각종 도구들까지 놋쇠로 제작하였어요.

조선시대에는 초기부터 국가에서 유기 생산을 장려하여 생활과 산업 곳곳에 유기가 널리 사용되었지요. 일제 말기에는 일본의 패전이 확실한 가운데에서도 전국 방방곡곡의 모든 가정에서 사용하는 유기들을 강제로 빼앗아 전쟁물자로 사용하는 일을 겪기도 하였답니다.

해방 전후로 유기 공장이 많이 세워져 전국적으로 많은 생산을 하였지만, 6,25 이후 연탄 사용이 늘어나면서 연탄가스에 변색되기 쉬운 놋쇠의 성질 때문에 관리하기가 어려워 유기의 생산이 차츰 멀어지게 되었지요. 그러나 요즈음엔 아파트 등의 주거 생활환경이 크게 나아졌고 또한 유기 자체의 재질도 기술 발전과 함께 크게 좋아져 유기가 쉽게 변색되지 않지요.

유기는 언제나 손쉽게 관리할 수 있고 또 음식물을 담아도 보온 기능이 오래 가므로 유기에 대한 인식이 차츰 바뀌고 있어요.

우리나라에서 유기 생산에 가장 유명한 곳은 개성과 안성이 었는데, 안성에서는 식기류와 반상기 및 제사 용품 등 일상생활에 필요한 생활용구를 많이 만들었어요. 안성의 유기는 만드는 방법이 매우 발달되어 모양이 아름답고 정교하여 '안성맞춤'이란 말까지 나오게 된 것이지요.

〈함께 더 생각해 봐요〉

조상들은 오래 전부터 유기를 만들어 왔는데, 구리와 주석의 비율에 따라서 유기의 강약이 달라집니다. 이 같은 내용을 더 공부해서 보다 튼튼하고 아름다운 유기를 만들어낸다면 훌륭한 발명품이 될 것입니다.

9. 최초의 인력거꾼은 어떤 사람이었나요?

인력거는 자전거 바퀴와 같이 생긴 큰 두 바퀴 위에 사람이 탈 수 있도록 자리를 만들고 그 위에 포장을 둘러씌웠는데, 1869년에 일본인 다카야마 고스케 등이 서양마차를 본떠 만들었지요.

한국에는 1894년 고종 31년에 하나야마라는 일본인이 10대의 인력거를 수입해 들여와 서울에서 영업을 함으로서 처음으로 우리나라에 소개된 것이지요. 따라서 최초의 인력거꾼은 모두 일본 사람이었는데 점차 한국 사람으로 바뀌어 갔어요. 이로부터 인력거는 부산, 평양, 대구 등 지방도시에 급속히 보급되어 가마를 대신하는 중산층의 교통수단으로 발전하게 되었어요.

일제 때 인력거는 도시의 교통수단 중에서 큰 몫을 차지하고 있었어요. 인력거는 관리나 돈 있는 사람이나 노약자, 기생 등 특수 신분에 있는 사람들이 주로 이용하였답니다. 그리고 전차나 버스 심지어 택시가 미치지 못하는 곳에까지 편안하게 실어다 주므로 인기가 높았지요. 그러나 서울 등 시내에는 인력거가 갑자기 늘어남으로 인하여 서민들의 보행을 크게 방해하였고, 또한 초기의 승객들은 대부분 일본인이거나 일본인 기생이고 한국인의 경우는 지체 높은 사람들이었기 때문에 이들의 횡포

또한 적지 않았어요.

그리하여 경무청이라는 곳
에서는 1908년 '인력거 영
업 단속규칙'을 공포하여
인력거 영업 허가를 비
롯해 인력거꾼의 자
질, 운임, 속도, 정원,
길을 서로 비켜주는
일 등 최초의 교통법규
를 만들기도 하였어요.

인력거는 오늘날의 콜택시처럼 손님이 인력거조합에 전화를
걸어 대절하였는데, 부유층은 인력거 자가용을 두기도 하였답
니다. 인력거 영업은 1923년 경에 전국에 약 4천6백 여대였으
나 1912년부터 등장한 택시와의 경쟁에 밀려 점차 사양길을 밟
았으며, 일부 지방도시에는 6.25전쟁 후 얼마동안 인력거조합
이 남아 있어 영업을 가끔씩 하다가 근대화 물결에 휩쓸려 차츰
자취를 감추고 오늘날에는 기록으로 남아있을 뿐이어요.

〈함께 더 생각해 봐요〉
우리나라에 자동차와 기차는 언제 들어 왔는지 알아보세요.

제4장

신비한 동닉물 이야기

1. 난소 없이도 몇 개월을 나는 동물

민물에 사는 거북은 자기의 몸을 일시적인 호흡정지 상태로 몰고 가서 산소 없이 3개월이나 찬물 속에서 생존할 수 있다고 해요. 거북은 이런 독특한 능력을 이용해서 겨울 동안 얼어붙은 연못에서 겨울잠을 자거나 또는 오랜 동안 진흙 속에서 살 수가 있어요.

일반적으로 다른 동물들은 산소가 없으면 불과 몇 분이면 뇌가 훼손되어 죽어버리는데 거북은 산소 없이도 몇 달씩이나 살

94

수 있는 방법은 무엇일까요? 우선 거북의 뇌는 몸의 신진대사 속도를 90%나 늦추어주는 역할을 손쉽게 할 수 있지요. 평상시에 거북의 뇌는 적절한 균형을 유지하면서 생활하다가 주위 환경이 갑자기 변하게 되면 뇌 세포의 모든 활동을 중지시킴으로써 에너지 소비를 절감할 수가 있어 무호흡 상태로 오랜 시간을 살 수가 있는 것이지요.

　그런데 거북의 몸은 다른 동물들과 달라 거북만이 가질 수 있는 특수한 신경 전달물질을 내보내어 산소를 구할 수 없을 때에는 뇌를 움직이는 특수 성분으로부터 칼로리를 얻어 천천히 뇌를 작동시키는 것이에요 .

　일반적인 동물들은 거북과는 달리 매우 섬세한 뇌를 갖고 있으므로 뇌가 산소를 받을 수 없을 때에는 재빨리 변화가 일어나 죽음을 맞게 되는 것이지요. 그래서 거북이 산소의 결핍에 대처하는 방법에 관해 더 많은 연구를 하게 된다면 인간의 생존율을 높일 수 있을 것이라고 말하고 있어요. 즉 1~2분만이라도 뇌가 살아있게 된다면 심장마비와 뇌졸중 환자의 생존율을 크게 끌어올릴 수 있다는 것이에요.

〈함께 더 생각해 봐요〉
거북과 자라는 무엇이 다른지 자세하게 알아볼까요.

2. 동물이나 식물도 음악을 들으면 기분이 좋을까요?

동물이나 식물도 아름다운 음악을 듣게 되면 성장을 촉진시킨다는 것이 이제는 널리 알려져 있는 사실이에요.

한창 자라고 있는 식물에게 감미로운 음악을 들려주면 음파가 식물 세포에 마주 울림 현상을 일으켜 신진대사를 자극하고, 음향 에너지가 식물의 세포 분자 운동을 촉진시키기 때문에 잘 자라게 된다고 해요. 그러나 아무 음악이나 마구 들려준다고 모두 효과가 있는 것은 아니고 식물이 좋아하는 음악을 들려주어야 효과가 있다는 것이에요. 최근 우리

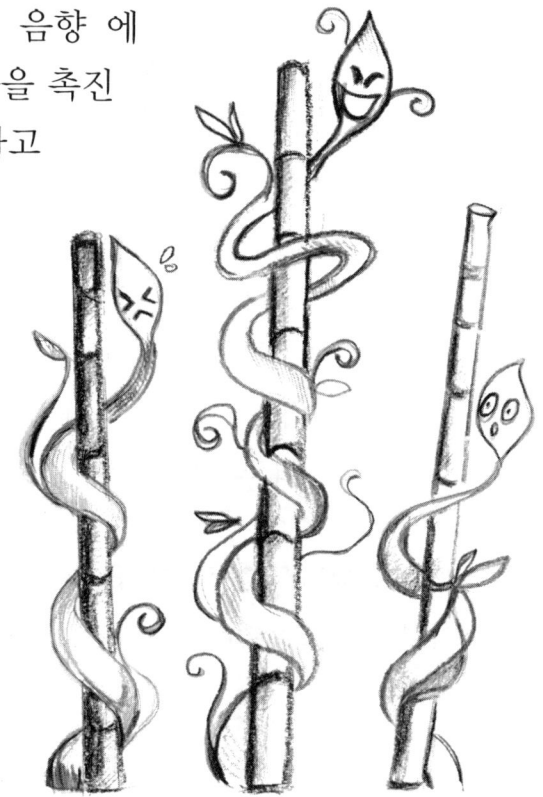

나라에서도 식물들에게 좋은
음악을 들려주려고 그린
음악을 연구하고 있다고
해요. 그린 음악이란 자
연에서 나오는 새소리,
물소리가 단순한 선율과
잘 조화를 이루어 마치
숲 속에 있는 듯한 느낌을
갖도록 노력을 기울여서 만
든 음악을 말하지요.

우리나라에서 자체 개발
한 그린 음악을 누에
에게 들려주었더니
누에나방이 22%나
산란을 더 많이 한 것
으로 발표되었답니다.
또 그린 음악을 뽕나무와 양란
그리고 해바라기에 계속 들려주었더니 같은 조건에서 자라고
있는 식물에 비하여 각각 30% 정도 더 튼튼하고 잘 자랐다고
해요.

이와 같이 음악이 식물에 영향을 주는 이유는, 식물은 소리를
듣는 귀는 없지만 음파가 식물의 세포에 자극을 주게 되면 세포

막에 전달되어 식물 자체에 변화가 생겨 식물 호르몬의 활동이 더 왕성해진다는 것이에요.

그러나 식물은 음파에 대해서는 오랜 시간 지속적으로 반응을 보이는 반면에 바람에 대해서는 계속 자극을 주어도 일정 시간이 지난 뒤에는 반응하지 않아 음파와 바람의 자극을 구별하는 것으로 학자들은 보고 있어요. 이런 전기적 자극은 광합성을 할 때와 같이 기본 대사가 증가하여 숨구멍을 많이 열리게 해 호흡과 양분 흡수를 높인다고 해요.

음악을 들려준 식물이 해충에 강한 것은 전기적 자극에 뒤따른 화학적 반응 때문인데, 음파에 자극을 받은 식물은 해충에게 해로운 성분을 2~3배 증가시켜 해충 자체가 스스로 피해가도록 하는 것이지요.

초음파를 식물에 들려주면 그 식물의 잎을 갉아먹은 곤충의 유충은 성충으로 변하는 합성을 방해하는 물질이 생겨 해충은 정상적인 생활을 하지 못하게 된다는 것이에요.

〈함께 더 생각해 봐요〉

가정에서 기르고 있는 동물들에게 좋아하는 음악을 들려주면 알도 더 많이 낳게 되고, 고기의 질도 우수한 것을 얻게 되니, 맛있고 농약이 적은 안전하고 이로운 먹거리를 만나게 될 날도 멀지 않았어요.

3. 곰팡이가 가짜 꽃을 만들어 곤충을 부를 수 있을까요?

식물에도 가짜가 나타나고 있는데 그 대표적인 것이 곰팡이의 행동이에요. 미국 애리조나 주의 미나리아재비라는 식물은 가짜 곰팡이 때문에 멸종 위기에 직면해 있다고 하네요.

식물은 자라서 꽃을 피우고 달콤한 꿀을 만들어 곤충들을 불러들이는 방법으로 수꽃의 화분을 받아들여 씨앗을 맺고 종족을 번식시키는 것이지요. 만일 정상적인 꽃을 피우지 못하고 가짜 꽃을 잎에서 만들어 곤충을 불러들인다면 머지않아 그 식물은 멸종이 되고 말 것이에요. 그런데 이상하게도 가짜가 진짜보다도 더 화려해 보이므로 곤충들은 진짜를 외면하고 가짜 꽃에만 모여드는 것이 아닙니까? 그렇게 되면 아리조나 주의 미나리아재비는 꽃가루를 보낼 수 없어 열매를 맺지 못하므로 이 지구상에서 사라지게 될 것이 분명하지요.

인간 사회도 가짜가 사회 곳곳을 누비고 다니면 멸망하는 것과 같지요. 그런데 식물에서 가짜 꽃을 만든 주범은 곰팡이라는 것이에요. 곰팡이는 식물의 잎을 공격하여 잎이 꽃처럼 발달하도록 유도하게 되지요.

그러면 가짜 꽃은 꽃잎도 화려하고 꿀까지 분비하기 때문에

곤충은 가짜 꽃에서 자기들이 원하는 것을 충분히 얻을 수가 있
으므로 진짜 꽃을 찾을 리가 없게 되지요. 그러면 왜 곰팡이는
그처럼 무서운 범죄를 저지를까요? 곰팡이도 나름대로 그렇게
해야만 하는 이유가 충분하게 있지요. 곰팡이도 환경에 적응하

고 진화하려면 유전자 교환을 해야 멸종이 되지 않고 후손을 번식시켜갈 수 있는 것이에요.

곰팡이들도 먼 곳에 있는 곰팡이와 교배를 해야 우수한 후손을 낳게 되는 것을 알기 때문에 날아다니는 곤충을 유혹하는 것이에요. 그러나 못생기고 줄 것도 변변치 못한 곰팡이를 찾을 바보 곤충은 이 세상에 한 마리도 없지요.

따라서 이것을 해결하기 위해 곰팡이들은 식물로 하여금 가짜 꽃을 만들게 한 다음 그곳에 숨어 있다가 곤충이 오면 곰팡이는 곤충의 몸에 붙습니다. 그리고 곤충이 다른 가짜 꽃으로 날아가면, 그곳에 있는 다른 곰팡이와 교배를 해서 우수한 후손을 보게 되는 것이지요. 이처럼 식물나라의 가짜는 건강한 자손을 번식시키려는 욕심에서 나온 것이랍니다.

〈함께 더 생각해 봐요〉

호두나무나 소나무, 쑥 등은 주위에 다른 식물의 씨가 싹트지 못하도록 화학물질을 내놓아 자신들의 경쟁자들을 물리치고 자기들만 살아가도록 하는데, 과연 그런지 그들이 심어져 있는 주위를 살펴보아요.

4. 육지에 올라와서 알을 낳는 물고기

    캘리포니아에서부터 멕시코의 북부 연안에 살고 있는 구루니온이란 바다 물고기는 몸길이가 13~15cm로 은빛을 띠고 있는 물고기에요. 이 물고기는 육지에 올라와 알을 낳기로 유명합니다.

    실버 사이드라고 불리는 이 물고기는 보통 바다물의 만조가 끝난 직후 밤중에 수천 마리씩 때를 지어 바닷물에 밀려 모래가 덮인 해변으로 올라오는데, 이런 행동은 이들이 짝짓기를 하고 알을 낳기 위해서예요.

    모래에 오른 암컷은 즉시 알을 모래 속에 낳게 되는데 이때 수컷은 정액을 암컷이 낳은 알 위에 뿌려 수정이 이루어지도록 하지요. 그런데 이들 물고기들이 만월을 택해서 해변의 모래 위로 올라오는 것은, 이 때가 가장 조수가 높

은 때이므로 힘들이지 않아도 바닷물에 밀려서 쉽게 알 낳을 자리를 찾을 수 있기 때문이에요.

이들이 알을 낳고 바다로 돌아가게 되면 2주일 동안은 조수가 낮아서 알들이 바닷물에 씻겨 나가지 않고 모래 속에서 안전하게 부화될 수가 있답니다. 이와 같은 행동은 비록 크기가 작고 보잘것없어도 종족 보존을 위해서 그들 나름대로 찾아낸 놀라운 지혜인 것이에요.

정말로 재미있는 사실은 2주일 뒤에 알에서 갓 깨어난 어린 물고기들은 조용히 모래 속에 웅크리고 있다가 그 다음 달의 만조 때 바닷물이 해안의 모래까지 올라오게 되면 재빨리 바다 물에 휩싸여 바다로 돌아가는 것이에요.

이처럼 물을 떠나 육지로 올라가서 짝짓기를 하고 알을 낳는 바다 동물에는 물개나 바다사자도 있지만 이들은 알을 낳는 것이 아니고 새끼를 낳는 것이지요. 그러나 바다 물고기가 물 밖으로 나가서 짝짓기를 하고 알을 낳는 것은 구루니온 외에는 별로 찾아볼 수가 없답니다.

〈함께 더 생각해봐요〉

열대 지역에서 살고 있는 폐어라는 물고기는 어떤 특이한 방법으로 살아가는지 더 알아볼까요.

5. 물 위를 달려도 빠지지 않는 동물

바실리크 도마뱀의 몸길이는 25cm 정도이고, 몸무게는 약 85g인데, 몸길이에 비해 유달리 긴 뒷다리로 수면 위를 빠르게 달리므로 물속으로 빠지지 않고 물 위를 뛰어갈 수가 있어요.

바실리크 도마뱀은 뒷다리로 수면을 차는 반복 운동을 합니다. 이때 뒷다리 주위에 공기들이 모이게 되고, 이곳에 물이 차기 전에 재빨리 뒷다리를 뽑아서 같은 방법을 반복하는 것이지요. 이와 같이 바실리스크 도마뱀은 두 뒷다리로 물을 재빨리 차고 긁어대는 행동을 반복하므로 물 속에 빠지지 않고 물 위를 달릴 수가 있어요.

이 도마뱀의 뒷발에 달려 있는 발가락들은 길게 뻗은 상태로서로 잘 분리되어 있으면서 각자의 역할을 잘 하므로 마치 발가락에 물갈퀴가 있는 것 같이 효과적으로 물 위를 걸을 수가 있어요. 그러나 이 도마뱀의 몸무게가 150g을 넘게 되면 물 위를 달리는 것은 불가능해져요.

재빨리 움직이는 뒷다리와 발가락의 역할도 몸무게가 무겁게 되면 아무리 빨라도 그 능력의 한계에 와 있기 때문에 물 속으로 빠지게 되지요. 이처럼 육지 동물이 물 위를 걸을 수 있으려면 우선 다리를 현재보다 몇 십 배 이상 빨리 움직여야 하고, 몸무게는 훨씬 줄여야 하지요. 만약 사람이 물 속에 빠지지 않고 물 위를 걸을 수 있으려면 두 다리를 가지고 시속 140km 이상 달려야 하는데, 이는 인간의 달릴 수 있는 한계를 너무도 많이 벗어나는 일이 되므로 전혀 불가능한 일이지요.

〈함께 더 생각해 봐요〉
개복치라는 물고기의 생김새는 어떠하며 생활 습성이 다른 물고기와 무엇이 다른지 더 알아보세요.

6. 내끼를 낳는 식물이 있을까요?

대다수 식물들은 번식을 위해 씨앗이나 포자를 만들어 대를 이어가고 있지요. 그런데 씨앗을 맺어 땅에 떨어져 번식을 하지 않고, 어미나무에서 어느 정도 자란 다음 어미 나무에서 뛰어내려 살아가는 식물이 있어요. 그것은 맹그로브 나무인데 이 나무는 열대와 아열대의 바닷가 갯벌이나 하구에서 자라는 늘 푸른

나무의 한 종류이에요.

식물들은 번식을 위해서 씨앗을 만들기도 하고 뿌리로 번식하기도 하는 등 나름대로 자연에 적응하며 살아가고 있지요. 맹그로브 나무는 남미의 해안이나 서남아시아 그리고 태평양 제도에서 숲을 이루며 집단으로 살아가고 있어요.

염분이 있는 곳에서 살지 못하는 육지의 식물과는 달리 맹그로브 나무는 바닷물에 정기적으로 잠기는 연안에서 세포 안에 염분을 받아들이며 살아가는 나무이에요. 이 나무는 자기가 맺은 씨앗이 바다물 위에 떨어지면 뿌리를 내리기도 전에 바다물에 쓸려갈 것을 염려하여 나무에 달린 채로 씨앗에서 싹과 뿌리가 나서 약 10㎝ 정도 자라게 한 다음에 땅이나 얕은 바닷물 위로 떨어뜨려 진흙 속에 뿌리를 내리는 특이한 번식방법으로 살아가는 나무이에요. 만약 잘못 떨어져 바닷물에 떠내려가더라도 파도에 밀려 해변 어느 곳에라도 닿게 되면, 그 곳에서 뿌리를 땅에 고정시키고 한평생 살아가게 되는 것이에요.

〈함께 더 생각해 봐요〉
식충식물은 어떤 것이 있으며 이들은 어떤 방법으로 살아가는지 자세히 알아보아요.

7. 여왕벌은 왜 공중에서 교미를 할까요?

벌집에서 갓 깨어난 여왕벌은 잠시 조용하게 있다가 벌통 안을 돌아다니기 시작하지요. 그것은 벌통 안에 다른 여왕벌이나 또는 갓 태어날 다른 여왕벌이 있는지를 확인하기 위해서지요. 만약 다른 여왕벌이 있으면 싸워서 죽이고, 곧 태어날 다른 여왕벌도 있으면 방을 물어뜯어서 마찬가지로 모두 죽이고 자기 혼자만 남아있어야 마음 놓고 생활하게 되지요.

그 다음에는 꿀을 배불리 먹고 몸을 튼튼하게 만들고, 약 1주

일 지나면 바람이 없고 날씨가 좋은 날을 택해 벌통을 벗어나 공중으로 날아오릅니다. 그러면 벌통 안에 있던 수벌과 이웃 벌통에 있던 다른 수벌들까지도 여왕벌이 내놓는 페르몬이라는 물질에 이끌려 정신없이 여왕벌의 뒤를 따라 날아가게 되지요.

죽을 힘을 쓰고 따라간 많은 수벌 가운데 가장 빨리 나는 수벌만 여왕벌과 교미를 할 수 있는데, 공중에서 교미를 마친 여왕벌과 수벌은 한 몸이 되어 땅으로 떨어지게 됩니다. 이때 수벌은 생식기 부분을 여왕벌의 꽁무니에 남겨둔 채 죽게 되는데, 유전자를 후대에 남기기 위해서 자기의 온 정력을 다하여 일생의 단 한 번뿐인 기회에 생명을 바쳐 최선을 다하는 거지요. 여왕벌이 수벌의 꽁무니를 매단 채 자기 집으로 돌아오면, 일벌들이 그것을 뽑아서 버리지요.

이리하여 여왕벌은 결혼에 성공하여 3일 후부터 알을 낳게 됩니다. 여왕벌이 벌통 안에서 교미를 하게 되면 어떤 수벌이 강한지 약한지를 알 수가 없기에 힘센 수벌을 고르기 위해서 공중에서 교미를 하는 것이에요. 이 같은 방법은 강인한 유전자를 가지고 후손을 보기 위한 꿀벌만이 가지고 있는 종족 보존의 한 방법이랍니다.

〈함께 더 생각해 봐요〉
여왕벌처럼 공중에서 교미를 하는 동물을 더 찾아보세요.

8. 동물들도 사랑과 기쁨과 슬픔을 알까요?

동물들이 사랑할 줄 알고 기쁨과 슬픔을 느낄 줄 알며 감정을 표현을 할 수 있는 것은 신경을 가지고 있기 때문이지요.

자구 상에 사는 모든 동물들은 사람과 마찬가지로 스스로 자기 행동을 결정하고 움직이는 의지력을 가지고 있지요. 이와 같은 사실은 야생동물이 짝을 잃었거나 죽었을 때 슬퍼하거나, 살아남은 외톨이가 보여주는 행동에서 충분하게 찾아볼 수 있어요.

야생동물이 짝을 잃게 되면 그들은 슬퍼하면서 먹는 것을 포기하고 짝을 찾아다니며 슬피 울며, 죽은 시체 옆에서 떠나려고 하지 않는다고 해요. 이와 같은 일은 동물원에서 사육되는 동물에서 쉽게 찾아볼 수 있어요.

해양동물원에서 사육하는 돌고래 암수 한 쌍이 여러 해 동안 정답게 함께 살았어요. 두 돌고래는 수조 안을 헤엄쳐 다닐 때에도 지느러미로 서로 애무해 주며 친하게 지내왔는데, 그러다가 수컷 돌고래가 갑자기 죽자 남아있는 암컷 돌고래는 먹이도 먹지 않은 채 슬픈 표정을 지으며 쓸쓸하게 헤엄치며 돌아다닌다는 것이에요.

그런데 야생동물은 서로 사랑하던 죽은 짝만 슬퍼하는 것이

아니라 같이 있던 동료의 죽음도 슬퍼하는 것이 확인되기도 해요. 사자는 짝을 지어 생활하지 않지만 죽은 사자의 시체 곁에 머물면서 털을 핥으며 쉽사리 그 자리를 떠나려고 하지 않는 것이에요.

그 뿐 아니라 코끼리는 너무도 인간과 유사한 애정표현을 하며 살아가는 동물이에요. 코끼리 무리 중에서 한 마리가 죽게 되면 온 가족들이 몰려들어 코로 냄새를 맡으며 죽은 코끼리 주위를 빙빙 돌며 쉽사리 떠나려고 하지 않아요.

또 원숭이도 기르던 새끼가 죽었을 때 죽은 새끼를 품에 안고 며칠이고 끌고 다니는 것은 쉽사리 떨쳐 버리기가 아쉽기 때문이지요. 그러므로 동물들도 애정과 감정, 사랑, 그리고 슬픔을 그들 나름대로 인간처럼 표현하며 살아가고 있는 것이지요.

〈함께 더 생각해 봐요〉
바늘두더지의 생태에 대하여 자세하게 공부해 볼까요.

제5장

스포츠에 관한 재미난 이야기

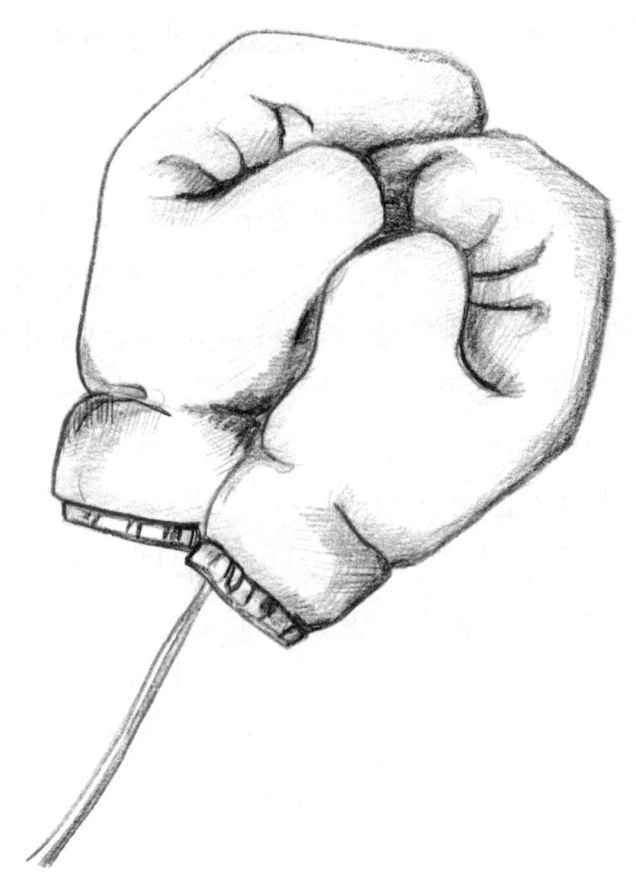

1. 축구경기 때문에 국가간에 일어난 전쟁

1970년 월드컵 예선 때 중미의 엘살바도르와 온두라스 사이에 전쟁이 벌어졌는데 일명 축구 전쟁이라고도 하지요.

1970년 월드컵 지역 예선전은 1968년 5월부터 시작됐는데, 북중미 예선 14조 A지역은 중미 6개국이 혈전을 벌인 끝에 온두라스와 엘살바도르가 결승에 올라 온두라스에서 최종전을 갖게 됐어요.

1969년 6월 7일, 엘살바도르 선수단이 묵고 있는 호텔 밖에서는 밤새도록 온두라스 응원단이 소란을 피웠는데, 자동차 경적을 울리는가 하면 깡통을 두드리고 고함을 질러대는 바람에 엘살바도르 선수들은 한잠도 잘 수가 없었어요. 그런 탓이었는지는 몰라도 이튿날 열린 1차전에서 엘살바도르 선수들은 온두라스에게 1대 0으로 지고 말았어요.

엘살바도르에서 이 경기를 TV로 지켜보던 한 소녀가 충격에 못 이겨 권총으로 자살하고 말았는데, 그 소녀 장례식에는 대통령을 비롯해 전 각료가 참석하고 대표 선수단도 조의를 표했지요. 이 장면은 TV를 통하여 전국에 방송되었어요.

약 일주일 후 6월 14일 온두라스 팀이 2차전을 위해 엘살바도르에 도착하였지요. 경기 전날 밤 온두라스 팀이 묵고 있는 호텔 밖은 더욱 소란스러웠는데, 엘살바도르 응원단은 보복이

라도 하듯 호텔 창문을 깨고 죽은 쥐를 던지며 난동을 피운 것이에요.

다음 날 경기에서 역시 한숨 자지 못한 온두라스 선수들은 엘살바도르에 3대0으로 지고 말았어요. 뿐만 아니라 경기가 진행되고 있는 동안 관중석에서는 이미 응원단끼리 패싸움이 벌어지고 있었으며, 온두라스 응원단의 차량 150여 대가 불타고 응원단 2명이 목숨을 잃었으며 많은 사람이 부상하는 일이 벌어진 것이에요.

같은 시각 온두라스 전역에 살고 있는 엘살바도르 사람들에 대한 폭행이 이루어지기 시작해 수 십 명의 엘살바도르 사람들이 살해됐는가 하면 약탈 방화도 일어나 재산 피해만도 2000만 달러에 이르렀어요.

6월 23일 극도로 감정이 악화된 두 나라는 국교를 끊은 가운데 6월 27일 중립지역인 멕시코시티에서 두 나라의 최종전이 열렸어요. 경기 결과 2대 2 무승부로 끝나자 이어 연장전으로 이어졌는데, 연장 전반 12분에 엘살바도르의 선수가 결승골을 터뜨린 것이 결국 두 나라는 돌이킬 수 없는 전쟁으로 이어지고 말았어요.

7월 14일 엘살바도르 비행기가 선전포고와 동시에 온두라스 네 개 도시를 폭격하고, 탱크를 앞세운 보병부대는 온두라스 국경을 넘어 진격하였어요. 이에 온두라스도 즉각 대응에 나서 낙하산 부대를 엘살바도르 후방에 투입해 교란작전을 펼쳤지요.

　　이 전쟁은 사흘간 계속되다가 이웃나라들의 중재로 7월 18일 정전에 들어갔는데, 피해는 온두라스가 더 커 온두라스는 축구에도 지고 전쟁에도 져 더 큰 상처를 입게 되었어요.

　　이 전쟁으로 양국에서 약 3000여 명이 죽고 1만2000여 명이 부상했으며 15만명이 집을 잃었어요. 그처럼 전쟁까지 벌이며 어렵게 월드컵에 나간 엘살바도르는 유럽 강팀들에게 10 : 1로 대패를 당하며 3전 전패하여 최하위로 탈락하고 말았어요.

〈함께 더 생각해 봐요〉
우리나라 축구선수가 세계무대에 처음으로 나가서 한 경기는 언제인지 알아보아요.

2. 축구 심판은 언제부터 생겨났을까요?

1845년 영국의 이튼이라는 곳에서 개최되는 축구 경기에서 심판이 처음 등장했는데, 그러나 이때는 경기를 관리하고 원활하게 추진하는 역할이 아니라 경기장 밖에서 양쪽을 조정하는 역할만 했지요.

최초로 시작된 때의 축구는 신사들이 하는 경기이므로 문제가 생기지도 않았으며 혹 문제가 있더라도 양 팀에서 자율적으로 해결하였으며, 그나마 그때는 지역이나 학교마다 축구 규칙이 모두 달랐던 것이에요. 그래도 의견이 일치되지 않는 문제가 생기면 심판이 제 삼자의 입장에서 판정을 했다고 해요.

영국 축구협회가 심판에 관해 문제를 제기하자 1891년에 드디어 프로리그에서 경기장 안에 1명의 심판과 경기장 밖에 2명의 선심을 두도록 규칙을 정하였는데, 이때까지의 심판은 목소리와 몸짓으로 심판을 보았어요. 오늘날과 같이 주심이 휘슬을 불게 된 것은 1878년 잉글랜드에서 처음 시작되었어요.

축구심판의 복장은 전통적으로 검은색을 입었으나 1994년 미국 월드컵 때 다양한 색의 심판복이 선을 보였고, 1998년 프랑스 월드컵부터 다양한 색깔의 심판복을 입을 수 있게 되었어요. 국제 축구 경기 도중 주심의 잘못된 판정 때문에 문제가 나타난 대표적인 것으로 브라질의 어느 주심은 1930년 우루과이

대회에서 아르헨티나와 프랑스의 경기에서 후반 6분을 남겨놓고 경기 종료 휘슬을 불어 아르헨티나가 1:0으로 승리하는 간접적인 도움을 준 일이 있었지요.

　재미있는 일은 2000년 5월 28일 마카오와 홍콩의 친선경기 중에서 주심이 선수를 폭행하는 사건이 발생한 일이 있었어요. 홍콩이 1:0으로 이기고 있던 후반 36분 경, 마카오의 아마추어 심판이 반칙과 욕설을 한 홍콩의 공격수에게 퇴장명령을 내렸지요. 그러자 퇴장 명령을 받은 선수가 돌아서면서 주심의 가슴을 향하여 공을 차자 주심이 퇴장 선수의 머리를 주먹으로 몇 차례 때렸던 것이지요.

　이 사건을 심의한 마카오축구협회는 주심을 영구 제명하면서 아시아 축구 연맹과 세계축구연맹에 아마추어 심판 자격증을 박탈하도록 건의하는 공문을 보냈으며, 홍콩축구협회도 퇴장 선수에 대해 1년 간 모든 축구활동을 정지시키고 벌금 10,000 홍콩달러를 물린 적이 있어요.

〈함께 더 생각해 봐요〉
축구의 역사에 대하여 알아보고 우리나라에는 언제 들어왔는지 조사해 봅시다.

3. 올림픽 경기에서 최초로 우승한 우리나라 마라톤 선수는?

1936년 8월 9일 독일의 베를린 올림픽 스타디움에서 개최된 마라톤 경기에서 1위로 골인한 손기정 선수는 일본 국기를 가슴에 달고 고개를 푹 숙인 채 신발을 벗어들고 트랙을 걸어가고 있었어요.

이 올림픽 경기에서 손기정 선수는 우승을 하였고 남승용 선수는 3위로 입상하여 우리나라가 마라톤 강국임을 세계에 알리는 계기가 되었지만 안타깝게도 일본의 국기를 가슴에 달고 있었기에 일본 선수로 남게 된 것이에요.

1912년 평안북도 신의주에서 태어난 손기정 선수는 부모로부터 강한 체질을 물려받았으며 누구에게도 뒤지지 않는 끈질긴 근성에다 피나는 노력으로 올림픽에서 금메달을 딴 것이지요. 그는 16세가 되었을 때 중국 단둥의 어느 회사에 취직을 한 뒤 신의주에서 압록강 철교를 건너 단둥에 이르는 20여리 길을 매일 달리며 출퇴근을 하여 몸을 단련시켰지요.

그는 1932년 신의주 대표로 제2회 동아마라톤에 참가해 2위를 차지하자 마라톤 선수로서의 자질을 인정받고 이로 인해 양정고보에 입학할 수 있었으며, 이듬해 제3회 대회에서 당시 1인

자였던 유해붕 선수를 누르고 우승하여 조선 최고의 마라토너
로 자리 잡게 되었답니다.

그리하여 비록 일제 치하였지만 마라톤 선수로서 올림픽에
나가 당당히 월계관을 머리에 쓴 것이어요. 민족이 일제의 압박
에서 해방되자 마라톤 감독으로 1947년 보스턴 마라톤대회에

나가게 되었는데, 이때 출발선에 서 있던 서윤복 선수에게 그는 비장한 말로 용기를 심어주었답니다.

"윤복아, 조국을 위해서 달려라."

이 한마디의 힘이 얼마나 컸던지 서윤복 선수는 이 대회에서 기어이 우승을 차지하는 영광을 안았지요. 손기정 선수가 월계관을 쓴 지 56년 만에 황영조 선수가 1992년 바르셀로나 올림픽 대회 마라톤에서 월계관을 머리에 쓰게 되었습니다. 그 날 손기정 옹은 1위로 결승선에 들어온 뒤 지쳐서 운동장에 쓰러진 황영조의 모습을 관중석에서 지켜보며 조용히 눈물을 흘렸답니다.

손기정 옹은 무슨 말을 해야 할까. 할 말은 많은 것 같은데 머릿속이 텅 빈 것처럼 아무 가닥도 잡을 수 없었습니다. "태극무늬를 가슴에 단 선수가 제일 먼저 들어오는 것을 본 순간 나는 두 다리에 힘이 빠져 그대로 주저앉고 말았다."라고 그 날의 감격을 신문에 쓰기도 했어요. 2002년 11월 15일 신부전증으로 별세한 손기정 옹은 평생 가슴속에 '조국'이란 두 글자를 새겨 놓고 살았던 것이지요.

〈함께 더 생각해 봐요〉
손기정 선수에 대하여 더 자세하게 알아볼까요.

4. 마라톤 경기 중에 화장실을 가면 어떻게 될까요?

마라톤 경기는 예선전을 하지 않고 주경기장에서 신호총의 신호에 의해 전체가 출발해서 달려야 하는데, 달리는 도중에 코스를 이탈해서는 안 되고 반드시 혼자의 힘으로 달려야 한다는 두 가지 원칙 아래 실시되지요.

마라톤 공식 코스를 벗어나 지름길을 택하는 등의 행위자는 실격처리 되며 또한 레이스 도중 다른 사람의 도움을 받아도 이유여하를 막론하고 실격되고 말아요.

42.195km의 정규 코스 중간 5km 지점마다 관문을 설치하여

선수들에게 통과지점의 거리를 알려주고, 코스를 안내하며 통과시간을 기록합니다. 마라톤은 엄청난 체력 소모를 가져오는 경기이므로 선수는 경기 이전에 의사의 진단을 반드시 받아야 하며, 경기 도중이라 하더라도 공식적으로 의무원의 중지 명령을 받았을 때는 즉시 경기를 중단해야 합니다.

또 선수들의 에너지를 보충해 주기 위해 출발 5km 지점부터 매 5km마다 음식물 공급소를 설치해 두고 선수들에게 음식물을 제공하게 되는데, 마라톤 선수는 주최 측이 지정한 음식물 공급소 이외에서 음식물을 먹었을 경우에도 실격이 되며, 레이스 도중 경기 임원이나 타인이 물을 뿌려줘도 타인의 도움을 받은 것으로 간주되어 실격되는 것이에요.

〈함께 더 생각해 봐요〉
마라톤 경기에서 있었던 재미있는 이야기들을 찾아보아요.

5. 역사상 최고로 비싼 금메달 가격은 얼마일까요?

올림픽 경기에서 어렵게 딴 금메달의 가치는 단순히 돈으로 환산할 수는 없는 일이지요. 4년 동안 세계의 정상에 서 있는 많은 선수들이 한 개의 금메달을 얻기 위해 흘린 땀은 그 어떤 가치와도 비교할 수가 없기 때문이지요.

올림픽 경기에서 우승자에게 주는 금메달의 순수 제작비만 따져본다면 그 가격은 얼마나 되는 것일까? 국제올림픽위원회 (IOC)의 규정에 따르면 금메달은지름 60mm 이상이고 두께는 3mm 이상이며, 6g의 순금이 입혀져야 한다고 정해 놓고 있어요. 이것을 금액으로 환산해 보면 금메달 1개의 순수 제작비는 110달러(약 11만원)에 불과한 것이에요. 그러나 1996년 애틀랜타 올림픽 여자 요트 경기에서 우승을 차지한 홍콩의 리라 에산 이라는 선수는 올림픽 경기에서 우승한 금메달 1개로 세계에서 가장 많은 돈을 번 선수가 되었답니다.

에산 선수는 홍콩 역사상 올림픽에서 처음이자 마지막 금메달리스트인데, 이듬해인 1987년 7월 1일이 되면 홍콩은 영국에서 중국으로 반환되기로 되어 있었지요. 그래서 이때까지 홍콩은 '홍콩 차이나' 라는 이름으로 올림픽에 출전했지만 이후부터

는 그러한 위치가 모두 없어지게 되어 있는 것이에요.

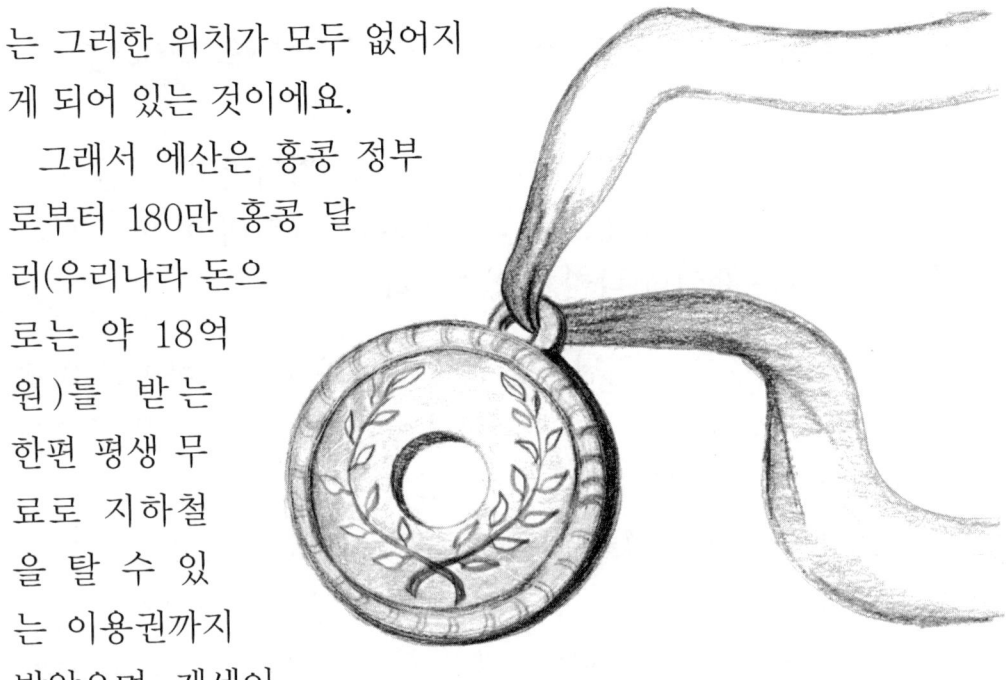

그래서 에산은 홍콩 정부로부터 180만 홍콩 달러(우리나라 돈으로는 약 18억 원)를 받는 한편 평생 무료로 지하철을 탈 수 있는 이용권까지 받았으며, 케세이 퍼시픽 항공을 5년 간 무료로 탈 수 있는 행운권도 함께 받았지요. 그 뿐 아니라 홍콩 최고의 갑부인 헨리 포드씨로부터 황금 1kg과 31만 홍콩 달러를 받는 한편, 홍콩 정부는 기념우표를 만들었고, 고향인 쳉 자우심에서는 에산 선수의 동상을 세우고 방 8칸짜리 저택도 지어주었습니다. 이로서 그는 금메달 한 개로 부자 생활을 하게 된 선수이지요.

〈함께 더 생각해 봐요〉

올림픽 메달은 어떻게 만들며 언제부터 메달을 수여했는지 알아봅시다.

6. 마라톤 경기를 하지 않는 나라도 있나요?

육상경기의 꽃이고, 가장 힘들고 어려운 경기이고, 인간의 한계에 도전하는 경기가 바로 마라톤이지요. 그런데 이 마라톤 경기를 금지하는 유일한 나라가 있습니다.

마라톤의 기원은 기원전 490년 그리스와 페르시아와의 전쟁에서 유래된 것이어요. 그 당시 그리스 군사들은 침략한 페르시아 군대를 너무도 어렵게 물리쳐 이겼던 것이지요. 그러자 이 기쁜 소식을 국왕과 그리스 국민들에게 재빨리 보고하기 위하여 그리스군의 한 병사가 약 40㎞를 쉬지 않고 달려가서 " 이번 전쟁에서 우리가 이겼습니다."라고 한 마디 하고는 너무 지친 나머지 그 자리에서 죽고 말았지요. 이리하여 그리스의 수도 아테네 시민들은 기쁨에 흥겨웠고 이를 기념하기 위하여 마라톤 경기를 시작하게 되었답니다.

그 후 올림픽 경기나 각종 육상 경기 때마다 마라톤 경기는 반드시 열렸는데, 유독 지구상에서 마라톤 경기를 하지 않는 나라가 있는데 바로 이란입니다. 그리스와 페르시아 전쟁에서 패한 것 때문에 페르시아의 후손인 이란은 조상들의 패전이라는 슬픈 역사가 얽혀 있는 마라톤 경기를 지구상에서 유일하게 지금까지도 금지하고 있는 나라이지요.

이란은 1974년 아시안게임이 자기 나라에서 개최되었을 때에도 마라톤 경기를 아예 제외시켜 많은 회원국들에게 항의와 불만을 샀으며 마라톤 선수들로부터 외면을 당하기도 하였답니다.

⟨함께 더 생각해 봐요⟩
마라톤 경기의 거리는 어떤 과정을 거쳐 결정되었는지 더 알아보세요.

7. 조선시대에 행해진 골프와 비슷한 놀이는 무언이었나?

조선시대에 하던 놀이 중에 격구라는 것은 타구 또는 포구라고도 불렀는데 오늘날의 골프 또는 하키와 같이 막대기로 공을 치는 경기였지요. 이 경기는 원래 페르시아에서 만들어진 폴로 경기가 당나라에 전래되어 격구로 불리면서 우리나라는 삼국시대인 고구려와 신라에 전해졌으며 고려시대에 가장 성행하였답니다.

격구는 말을 타고 하는 기마 격구와, 궁중이나 넓은 마당에서 하는 보행격구가 있어요. 무신들이 자주 즐기던 기마 격구는 광장에서 말을 타고 달리면서 막대기로 공을 쳐서 구문 밖으로 내보내는 놀입니다. 경기 방식은 처음에 경기자들이 말을 타고 격구 봉을 들고 기다리고 있다가 기생들이 노래하고 춤추면서 구장 한복판에 공을 내던지면, 양편 경기자들이 일제히 달려들어 공을 쳐 구문 밖으로 내보내는데, 공을 구문 밖으로 쳐낸 횟수가 많은 편이 이기게 됩니다.

보행 격구는 궁중이나 넓은 마당에 구멍을 파놓고 걸어 다니며 봉으로 공을 쳐서 구멍 안에 넣는 놀이이지요. 이 놀이는 아이들까지도 즐겁게 참가하였는데 오늘날 골프 경기와 아주 비

숫하다지요.

조선시대에는 세종 때부터 종친을 궁내로 불러들여 보행격구 경기를 하였고, 세조 때는 수십 명씩 떼를 지어 승부를 겨루었다고 전해지고 있어요. 그러나 임진왜란 이후부터 상류층에서는 격구 놀이를 거의 찾아 볼 수가 없게 되었으나, 서민들 사이에서 즐거운 놀이로 계속해서 이어졌으며, 현재에 와서는 이 놀이를 보기 어렵게 되었어요.

〈함께 더 생각해 봐요〉
우리 고유의 놀이 방법은 어떤 것이 있는지 더 알아보세요.

8. 테니스에서는 왜 1포인트가 15점이 되는 걸까요?

테니스 경기의 점수 계산은 쉽게 이해할 수 없이 복잡한 느낌이 드는 점수제이지요. 실제로 테니스 경기를 할 때 0점은 러브라고 하고, 1포인트를 올리면 15점이 되고, 2포인터가 되면 30점, 그리고 한 포인트를 더 따게 되면 게임이 끝나게 되지요.

테니스 경기에서 점수 계산하는 것을 살펴보면 일정한 규칙성도 없어 보이고 점수 자체도 한번에 꽤 많이 올라갑니다. 점수를 처음 계산해 보는 사람들은 이상하게 생각하지만, 익숙한 사람들은 으레 그런 것이려니 하고 넘기기 쉽지요. 테니스의 기원을 보면 12세기 중반 이후 프랑스에서 고안된 쥬드폼이라는 게임에서 유래되었다고 해요. 이 운동의 게임 방법은 손바닥으로 공을 치는 것인데 주로 수도원 등에서 행해졌다고 하지요.

바로 이 게임에서 1포인트가 15점이라는 득점 형식이 큰 관련을 맺고 있는 것입니다. 당시 수도원에서는 15분마다 종을 울렸는데 아침 기도부터 시작해 청소, 독서, 식사 등 모든 일상생활을 15분을 하나의 단위로 실시하였던 것이에요. 이 습관이 게임 득점 방식에도 그대로 적용되어 1시간, 즉 60분을 한 단위로 해 4포인트제가 된 것이라고 합니다.

그렇다면 3포인트 째가 되면 당연히 45가 되어야 하는데 40포인트가 되는 것은 또 이해하기가 어렵네요. 가장 일반적인 것은 45를 영어로 포티-피프티라고 부르는데, 이것이 발음하기 어렵기 때문에 뒷부분은 생략했다는 주장이 가장 설득력이 있지요. 또한 기독교의 성서에서 나왔다는 말도 있어요.

성서에는 노아의 홍수가 40일이고, 예수와 모세가 황야에서 수련을 쌓은 것도 40일이라고, 40이라는 숫자가 여러 곳에서 나오는 것을 알 수가 있지요. 따라서 기독교 신자들 사이에서는 40은 어떤 상황의 끝을 결정짓는 숫자로서 인식되어 있는 것입니다. 그러므로 테니스 경기에서 45가 되지 않고 40점을 주는 것은 마지막을 잘 해결하지 못하면 듀스로 넘어가고 만다는 것을 의미하는 것이 되지요.

〈함께 더 생각해 봐요〉
테니스 경기는 언제부터 시작됐는지 더 알아보세요.

제6장

신기하고 재미난 세상

1. 청바지가 태어나게 된 이야기

오늘날 젊은이들이 제일 즐겨 입는 청바지가 국경과 세대를 초월하여 젊음의 상징으로 자리를 잡게 된 것은 19세기 중엽이라고 전해지고 있어요. 세계적으로 많이 입고 있는 청바지는 어느 실업가의 사업 실패에 대한 가슴앓이 속에서 한숨과 함께 만들어진 대표적인 발명품이라는 것을 알아야 해요.

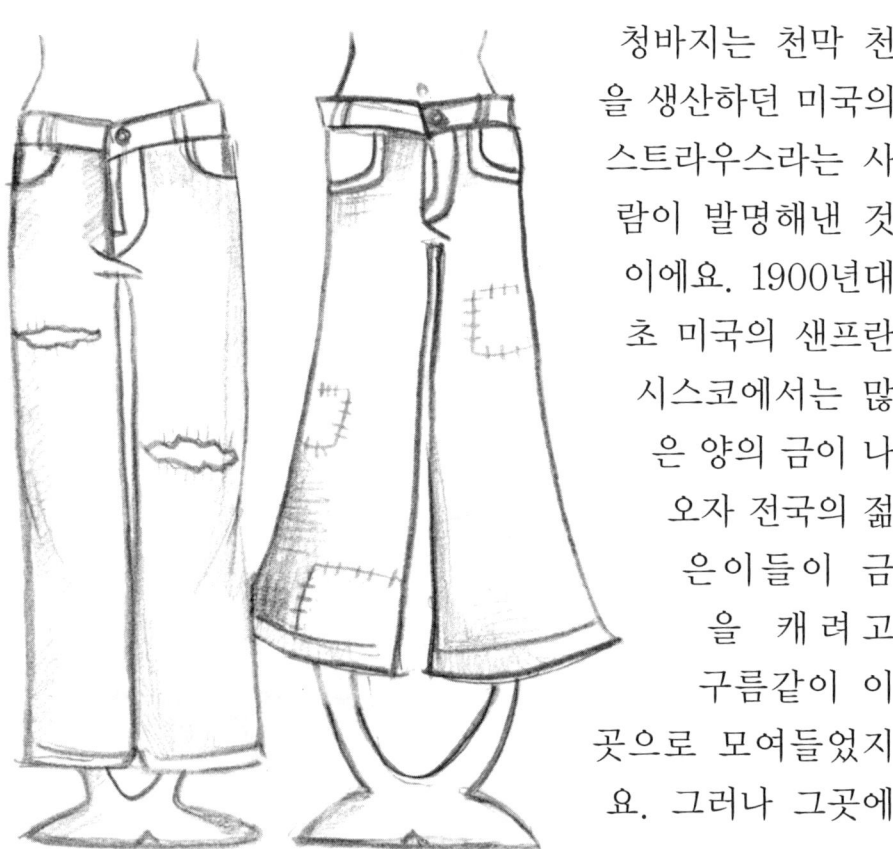

청바지는 천막 천을 생산하던 미국의 스트라우스라는 사람이 발명해낸 것이에요. 1900년대 초 미국의 샌프란시스코에서는 많은 양의 금이 나오자 전국의 젊은이들이 금을 캐려고 구름같이 이곳으로 모여들었지요. 그러나 그곳에는 이들을 모두 수용할 숙박시설이 너무 부족하였기 때문에 이 지역은 자연적으로 천막촌으로 변해가고 말았지요.

이 때에 스트라우스는 밀려드는 천막 천의 주문으로 많은 돈을 모을 수가 있었어요. 그러나 그에게도 부귀영화는 오래가지 못하였어요.

어느 날 군납을 하는 실업가가 찾아와 대형 천막 10만 여개 분량의 천막 천을 납품하도록 도와주겠다고 제의를 해왔던 것이었어요. 생각치도 못한 뜻밖의 큰 행운을 잡은 스트라우스는 깊은 생각도 하지 않은 채 너무 기쁜 나머지 즉시 이곳저곳에서 많은 빚을 내어 천막 천을 생산하기에 이르렀어요.

그는 공장을 확장하는 한편 생산 직원을 몇 배로 늘려서 밤낮으로 물건을 만들어 내는 바람에 드디어 3개월 만에 주문받은 수량을 만들어 놓았어요. 그런데 생산을 마치고 나자 어찌된 일인지 납품의 길이 막혀버려 단 한 개도 납품을 하지 못하고 생산품이 산더미 같이 쌓여 있을 뿐이니 그의 심정이 어떠했을까요!

산더미 같은 천막 천을 바라보고 한숨만 나오는 판에 빚쟁이들의 빚 독촉이 심해지고 직원들은 월급을 내놓으라고 아우성이었어요. 헐값에라도 팔아 밀린 빚과 직원들의 월급만이라도 해결하고 싶었으나, 엄청난 양의 천막을 한꺼번에 사 줄만한 사람이 나타날 까닭이 없었지요.

스트라우스는 힘이 빠지고 만사가 귀찮아 포기하며 술로 지내던 어느 날 우연히 주점에 들려 목이나 추기려고 문을 열고 들어서는 순간 놀라운 광경을 목격하게 되었지요.

주점 안에서는 금광 촌에서 일하는 광부들이 옹기종기 모여 앉아 헤어진 바지를 꿰매고 있었던 것이에요. 순간 스트라우스는 바지를 질긴 천막 천으로 한 번 만들어 보면 좋을 것이라는 생각이 번개처럼 머리를 스치고 지나가는 것입니다.

그는 즉시 공장으로 달려와 산처럼 쌓여있는 천막 천으로 산뜻한 바지를 만들어 시장에 첫선을 보였습니다. 그러자 푸른색의 잘 닳지 않는 청바지는 뛰어난 실용성을 인정받아 광부들뿐만 아니라 일반인들에게까지 엄청난 인기를 끌며 만들기가 무섭게 팔려나가기 시작하는 것이었어요.

이때 공교롭게도 미국 영화 '이유 없는 반항'에서 제임스 딘이 청바지를 입은 것을 보고 많은 젊은이들이 이를 흉내내어 청바지를 입기 시작한 것도 청바지의 인기를 높이는 계기가 되어, 그는 청바지 사업으로 단번에 세계에서 손꼽히는 부자가 되었습니다. 그가 만약 그 날 주점을 가지 않았더라면 오늘날 이처럼 즐겨 입는 청바지는 영영 우리 곁에 나타나지 못했을지도 모르지요.

〈함께 더 생각해 봐요〉
지우개 달린 연필은 어떻게 태어나게 되었는지 알아봅시다.

2. 우리나라에서 일어난 최초의 은행 대출은?

우리나라 최초의 은행은 1897년 2월 19일에 설립된 한성은행으로 지금의 조흥은행이 되기 전의 은행이지요. 그런데 한성은행에서 일어난 첫 대출 때 당나귀 대출이라는 이해할 수 없을 정도로 재미있는 사건이 있었어요.

그 당시 대구에서 장사를 하던 한 상인이 바로 그 주인공인데, 서울에 온 그는 급히 돈을 대출을 받기 위하여 당나귀를 은행에 맡기고 돈을 빌려간 것이어요. 대구의 장사꾼인지라 물건을 사 가지고 고향으로 가서 팔아야 하는데 처음에 알고 온 가격보다 그 물건의 값이 더 올라버려서 현재 있는 돈으로는 원하는 물건을 살 수가 없게 되었어요. 그는 부족한 돈을 채워 보려고 여러 곳에 수소문을 해 보았으나 돈을 마련하지 못하게 되자, 여러 가지로 생각한 끝에 자기가 타고 온 당나귀를 한성은행에 맡기고 대출을 받기로 하였지요.

당시에 한성은행은 문을 막 연 초기였으므로 은행에서 돈을 빌리는 대출손님이 한사람도 없었습니다. 그 당시에 은행이란 개념이 우리나라 사람들에게는 전혀 생소한 것이므로 이해를 하는 사람이 별로 없었기 때문이지요. 그때 한성은행에 그 장사꾼이 찾아가서 타고 온 당나귀를 담보로 맡기고 모자라는 돈을 보충하려고 한 것이지요. 이 엉터리 같은 대출 담보 물건을 본

은행직원들은 서로들 협의한 끝에 당나귀를 맡고 대출을 해주기로 하였지요.

대출을 받은 장사꾼은 물건을 사서 이윤을 남긴 다음에 당나귀를 찾으러 은행으로 오기로 단단히 약속을 하였던 것입니다. 그런데 은행 측에서 생각해 보니 담보로 맡은 당나귀가 마르거나 병이 나게 되면 책임을 져야 하기 때문에 직원 한 사람이 책임자가 되어 그 당나귀를 열심히 먹이고 보살피는 등 많은 신경을 써야 했어요. 장사꾼이 나타나지 않을까 걱정을 하고 있던 은행원들은 며칠이 지나서 은행으로 돈을 가지고 당나귀를 찾으러 온 장사꾼이 나타나자 너무나 반가워하였답니다.

그렇게 보살핌을 받던 당나귀는 다시 빌린 돈과 이자를 갚은 장사꾼 주인에게 무사하게 돌아가게 되었는데, 문화에 익숙하지 못하였을 때에는 이와 같이 웃지 못할 사연들이 있게 마련이지요.

(함께 더 생각해 봐요)
은행에서 하는 일의 종류를 찾아보세요.

3. 돈 속에 숨겨져 있는 그림은?

세계 어느 나라나 자기 나라만의 돈을 만들어 국민들이 사용하고 있어요. 그런데 가끔은 마음이 변한 사람들이 국가에서 만들어 놓은 돈과 비슷한 돈을 자기 마음대로 만들어 몰래 사용하는 일이 있는데, 이렇게 만든 돈을 위조지폐라고 하지요. 그리고 위조지폐를 만든 사람은 법의 심판을 받아서 오랫동안 벌을 받아야 하지요.

현재 우리들이 사용하는 1만원 권을 빛에 비추었을 때 왼쪽 여백에 나타나 보이는 그림을 은화라고 하는데, 이는 지폐의 위조를 방지하기 위해 도입된 여러 장치들 중 하나이에요. 지폐에 은화를 집어넣는 방법을 이해하기 위해서는 지폐를 만드는 과정을 알아야 하지요. 은화는 지폐의 다른 부분들과는 다르게 종이 위에 그려 넣어진 것이 아니므로 인쇄된 그림이 아니지요.

지폐에 쓰는 종이는 우리가 평소 보는 일반 종이와 같은 펄프를 써서 만드는 것이 아니라 특수하게 처리된 솜을 뭉쳐 만들지요. 은화 부분은 처음부터 용지를 만들 때 해당 부분의 솜 두께를 서로 다르게 하여 음영 효과를 낸 것입니다. 즉 솜이 두꺼운 곳은 빛의 투과가 적어지므로 어둡게 나타나고, 솜이 얇은 곳은 빛의 투과가 많으므로 밝게 나타나 보이지요.

위조지폐는 일반 용지에 컬러복사기를 써서 만들어내는 것이

보통이므로, 복사를 해서 인쇄된 부분은 비슷하게 옮긴다고 하더라도 은화 효과까지 만들 수는 없기 때문에 빛에 비쳐서 쉽게 찾아 낼 수 있답니다.

〈함께 더 생각해 봐요〉
우리나라 지폐의 발달 과정을 더 알아보세요.

4. 아프가니스탄의 동굴은 어떤 구조로 되어 있을까요?

　미국의 최첨단 무기도 당할 수 없는 최고의 무기라는 아프가니스탄의 동굴은 어떻게 돼 있을까요? 오사마 빈 라덴과 탈레반 지도부의 은신처로 알려진 아프간의 동굴들은 그 구조가 대단히 복잡하다고 합니다.

　탈레반 정권이 미국과 100년 전쟁을 장담하고 있는 것은 철옹성이나 다름없는 동굴의 힘을 믿기 때문인데, 이 동굴은 단순한 은신처가 아니라 하나의 지하도시에 가깝다고 하네요. 이들 동굴들은 보통 수백m 길이의 천연 석회동굴로서, 미로처럼 얽혀 있을 뿐만 아니라 서로 연결돼 있어 동굴에 익숙하지 못한 외래 사람들은 접근하기조차 무섭다고 해요.

　수직으로 1000m나 되는 깊이가 있는가 하면 수평 길이는 4~6km에 달하는 것도 있는데, 모든 것이 다 천연 동굴이 아니라 인공 동굴도 많이 만들었어요. 카레즈라고 불리는 농수용 인공 터널은 알렉산더 대왕 시절인 2300여 년 전부터 건설되기 시작했지요. 이런 동굴은 이미 1221년 몽골의 칭기즈칸 침략 때부터 게릴라전용으로 사용되기 시작한 것이지요.

　1980년대 소련이 침공하였을 때에는 창고와 무기고 등이 추

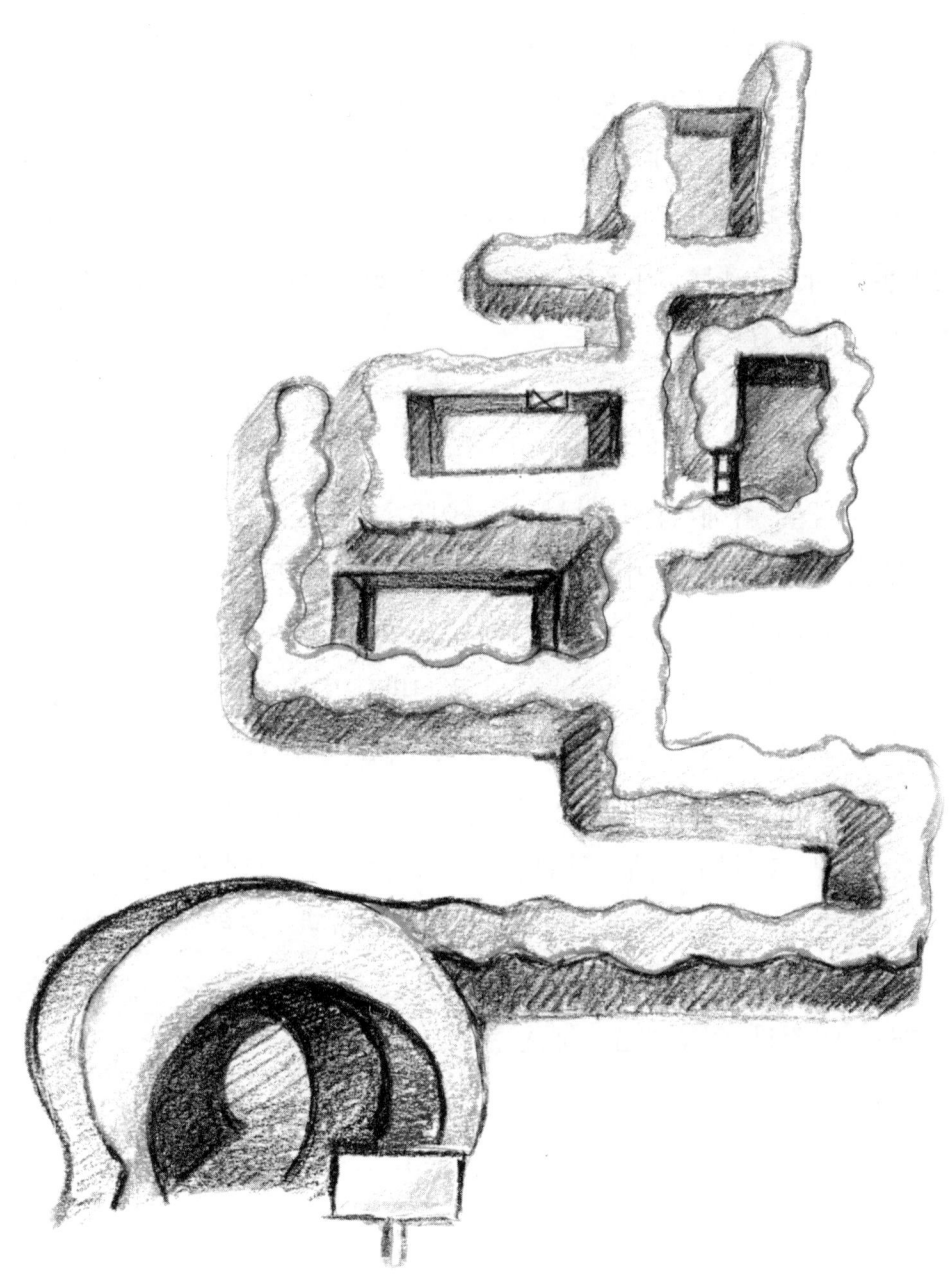

가됐고 동굴 입구도 장갑차 등 대형 차량들이 들어갈 만큼 높고 넓게 개량되어 있었어요. 빈 라덴이 아프가니스탄에 들어온 이후 동굴은 더욱 요새화되었는데, 곳곳에 철문을 세우고 콘크리트로 굴 내부를 강화했던 것이지요. 이 정도 규모의 동굴이라면 2.5톤이나 나가는 미군의 참호 파괴용 폭탄도 사실상 쓸모가 없다고 하지요.

그런데 동굴이 단순히 은신처나 적에게 쫓겨서 달아나는 곳으로 생각하면 큰 착오이에요. 이곳의 동굴은 게릴라들이 은신이나 휴식을 위해 잠시 머무는 곳이 아니라 소도시를 방불케 하는 일종의 생활터전이고 아늑한 복음자리랍니다. 동굴 바닥엔 카펫이 깔려 있고 온갖 생활 가구도 준비되어 있으며, 히터와 에어컨으로 내부 온도를 조절하고, 발전기가 있어 전기도 공급될 수 있도록 내부 시설을 갖추고 있지요.

1986년 소련군이 아프가니스탄에 있는 자와르 동굴을 함락시켰을 때 동굴의 내부 시설을 보고 깜짝 놀랐다고 합니다. 동굴 안에는 모스크 성전(聖殿)과 병원, 도서관, 호텔 등이 있었으며, 미식 축구장 6개를 이어놓을 만큼 긴 터널과 가지 동굴이 41개나 연결돼 있었다고 해요.

더욱 놀란 것은 57일간 쉴 새 없이 공습을 해보았지만 동굴 내 건물들이 하나도 파괴된 것이 없고 모두 온전했다는 것입니다. 탈레반 정권이 100년 전쟁을 불사하겠다고 장담하는 것도 바로 이 때문이라고 하지요. 역사적으로 징기스칸이 아프가니스탄을 점령한 이후 아직까지 그 누구도 이 땅을 점령하지는 못 했으니까요. 19세기엔 영국이, 20세기 들어서는 소련이 시도해 보았으나 모두 실패하고 말았지요.

　미국은 최첨단 무기로 무장했다는 점에서 이전 침략자들과 다르지만, 동굴 속을 찾아내는 열 감지 센서와 참호 파괴용 폭 탄으로도 성공을 바라기에는 아직 멀었다고 해요. 가장 큰 문제 는 아프가니스탄 동굴 속에 숨어 있는 텔레반 사람들을 찾아내 는 일인데, 여기저기에 가지 굴이 미로처럼 얽혀 있는 동굴에서 그들을 찾아내는 것은 백사장에서 바늘을 찾는 것처럼 어렵다 고 합니다.

〈함께 더 생각해 봐요〉
아프가니스탄이라는 나라는 어디에 있으며 지형의 특징을 알아 봅시다.

5. 제비집으로도 요리를 할 수 있을까요?

제비집 요리에 쓰이는 제비는 주로 열대지방에 사는 바다제비입니다. 연와라고 불리는 바다제비 집은 바다 생물체를 먹고 사는 날쌘 수컷 제비가 입에서 나오는 침과 해초를 섞어 만든 것이지요.

바다제비는 끈적끈적한 분비물을 세차게 내뿜어서 집을 만드는데, 이러한 바다제비는 절벽이나 험한 바위에 걸쳐 있거나 깊은 동굴 속 등 위험하고 찾기 어려운 곳에다 집을 짓지요. 바다제비 집은 높은 영양과 보양 효과가 있는 것으로 밝혀져 이미 수천 년 전부터 진귀한 보약으로서 중국의 왕들과 귀족들이 선호하여 복용하여 왔답니다.

특히 팔진이라 하여 여덟 가지 진귀한 식품에 속하는 이 요리를 황태후는 자신의 미용과 젊음을 유지하기 위해 바다제비 집에 진주가루를 섞어 반죽을 만들어 먹었다고 해요.

바다제비집에는 피부에 영양분을 주는 단백질이 함유되어 있어 건조한 피부를 부드럽고 촉촉하게 해 주며, 피부 세포를 젊게 개선시켜 준다고 하지요. 또 폐를 튼튼하게 하여 기관지 계통의 질환을 개선하며 혈액 순환을 원활하게 하여 건강유지를 돕는 보양 강장 음식으로 알려져 있어요.

바다제비집에는 피부에 자양분을 주는 단백질이 함유되어 건

조한 피부를 부드럽게 해주며, 폐 등 기관지 계통을 튼튼하게 개선시켜 주고, 임산부와 태아에 필수적인 칼슘을 포함하고 있으며, 출산 후 아기의 피부를 좋게 도와준다고 기록하고 있답니다.

〈함께 더 생각해 봐요〉
제비집 요리를 자주 먹는 나라에 대하여 알아보아요.

6. 세계에서 가장 비싼 화폐는 무엇일까요?

현재 세계 여러 나라에서 통용되는 최고로 비싼 지폐는 1969년 이후부터 찍어내지는 않고 있으나 미국의 10만 달러짜리로, 우리나라 돈으로 환산하면 약 1억원 가치의 지폐이어요. 이 지폐는 은행으로 들어오게 되면 다시 시중으로 내보내지 않기 때문에 실제로 지금 통용되는 돈은 극히 일부에 속합니다.

10만 달러짜리 뒤를 잇는 고액권 지폐는 싱가포르와 브루나이의 1만 달러로 우리나라 돈으로는 약 7백만원짜리 지폐이지만, 이 역시 돈의 액수가 크기 때문에 통용이 잘 안 되고 있는 실정입니다. 현재 실제로 각 나라에서 널리 사용하고 있는 제일 금액이 높은 화폐를 나라별로 살펴보면, 미국의 1백 달러(10만원), 영국의 50파운드(11만원), 독일의 1천 마르크(80만원), 프랑스의 5백 프랑(12만원), 일본의 1만엔(10만원)짜리의 돈이 실제로 사용되고 있는 화폐들이어요. 그러나 물가 상승에 맞춰 세상에 나온 최고로 많은 금액이 적혀 있는 화폐를 발행한 경우는 제1차 세계대전에서 패한 독일이 발행한 화폐이지요.

1차 세계대전 후 독일은 전쟁에 패한 배상금을 마련하고 폐허가 된 나라의 경제를 살리기 위해 엄청나게 많은 돈을 무분별하게 찍어내게 되었지요. 이렇게 되자 독일의 지나친 통화량 팽창이 원인이 되어 결국 독일은 세계 역사상 최악의 인플레이션을

겪게 되었습니다.

1924년 독일은 감히 상상도 하지 못할 금액인 1백조(兆) 마르크짜리 지폐를 발행하였는데, 이것이 역사상 최고액의 화폐로 기록되고 있어요. 이 기록은 영원히 깨어지지 않을 것으로 보고 있어요. 당시 독일의 마르크와 미국 달러의 교환비율이 1조 마르크 대 1달러였으니까 1백조 마르크라고 해봐야 겨우 약 100 달러의 가치 밖에 없었어요.

이 무렵 독일에서는 빵 한 조각이 800억 마르크이고, 쇠고기 한 조각이 9,000억 마르크이며, 맥주 한잔이 2,000억 마르크나 나갔을 정도였어요. 뿐만 아니라 빵 1kg이 5,200억 마르크이고, 감자 한 개의 값이 500억 마르크였다니 놀라지 않을 수 없지요.

그렇기 때문에 당시 노동자들은 하루 일로 받은 임금을 손수레에 가득 싣고 다녀야 했고, 주부들은 시장을 보기 위해 가방이나 바구니에 돈을 가득 들고 다녔으며, 돈을 벽지 대용으로 사용하기도 하였지요. 돈이 같은 면적의 벽지보다 더 싸기 때문에 벌어진 장면이었어요.

돈이 이렇게 가치가 없다보니 황당한 일도 많았다고 하네요. 시장에서 할머니가 돈 바구니를 땅바닥에 내려놓고 잠시 한눈을 파는 사이에 도둑은 돈은 두고 낡은 바구니만 훔쳐간 이야기라든가, 주정뱅이 형이 마시고 쌓아놓은 빈 술병은 나중에 돈가치가 꽤 되었지만, 근검절약한 동생이 알뜰살뜰 은행에 저축해둔 돈은 휴지 조각으로 변했다는 얘기 역시 이 시대에 나온 가슴 아픈 지난날의 사연들입니다.

〈함께 더 생각해 봐요〉
세계 2차 대전을 일으킨 나라들을 찾아보세요.

7. 날아있는 원숭이 골을 즐겨 먹는 사람들

인구가 너무 많은 중국인들은 흉년에 굶어 죽는 것을 면하기 위하여 또는 입맛을 맞추기 위하여 눈에 보여 움직이는 것은 모두 그 조리법을 개발하였지요. 그래서인지 이 세상에는 많은 나라와 민족이 있지만 무엇이든지 먹는 것이면 다 잘 먹는 사람들이 중국인들이라고 하지요.

중국인들은 어떠한 음식에 대해서도 혐오감보다는 그 재료가 가지고 있는 독특한 맛을 생각해 보고 그 재료에 맞는 음식을 개발했던 것이지요. 그 대표적인 음식이 소름 끼치는 살아있는 원숭이 골 요리입니다. 이 요리는 원숭이 골을 그대로 파먹는 것인데, 중국 사람들은 살아서 움직이는 원숭이를 묶어둔 채로 그 골을 파먹는 것입니다.

원숭이 골을 먹는 방법은 먼저 구멍 뚫린 식탁을 준비하는데, 이때 식탁 바닥의 구멍 크기는 원숭이의 머리 윗부분이 겨우 삐죽 나올 정도로 작아야 해요. 그 다음에는 살아 있는 원숭이를 끌고 와서 팔 다리를 묶고 탁자 밑에 앉혀 머리 윗부분이 탁자의 구멍으로 조금 튀어나오도록 한 다음 회초리를 가지고 원숭이를 계속해서 때리게 되면, 원숭이는 약이 오를대로 올라 피가 머리로 몰리게 되는데 이때 최고의 맛을 즐길 수 있다고 해요.

이때 준비해 두었던 망치로 원숭이의 두개골을 부순 다음 윗부분을 들어내고 은수저로 떠먹는 답니다. 탁자 밑에 있는 원숭이는 죽어 가는 최후의 비명을 질러대는 데도 김이 모락모락 나는 원숭이의 뜨거운 골을 먹는 것은 맛이 어떠한지는 몰라도 인간이 가진 잔학성의 대표적인 실례가 아닐까 생각되네요.

이렇게 먹는 원숭이 골을 중국 사람들은 별미로 취급하고 있지만 그것을 먹는 방법은 차마 눈뜨고 볼 수 없을 것입니다.

〈함께 더 생각해 봐요〉
여러 나라 사람들이 즐겨 먹는 혐오스런 음식은 어떤 것이 있는지 알아보아요.

8. 통조림은 왜 만들어지게 되었을까요?

식품은 자연 보존기간이 지나면 변질되어 먹을 수 없게 되는데 통조림에 의한 획기적인 식품 보관법이 발명되면서 비로소 식품의 장기보관이 가능하게 되었지요. 그러나 이처럼 편리한 통조림이 발명되기 전까지는 복잡하고 까다로운 병조림을 사용하였지요.

통조림이 나오기 전에 병조림이 시작된 것은 나폴레옹이 전 유럽을 손아귀에 넣으려고 피나는 전쟁을 하고 있던 가운데 좀 더 지속적이고 빠른 전투를 위해 거액의 현상금을 내걸고 식료품의 새로운 저장과 포장법을 공모하면서 시작되었어요.

그때 아페르라는 한 요리사가 만든 병조림법이 선택되어 그것이 식료품의 가공 보관에 혁신을 가져온 통조림의 기본이 된 것이어요. 그 후로 병조림은 인류 식생활 개선에 큰 영향을 미쳤지만, 병조림이 세상에 나온 후에는 그것이 가지고 있는 많은 단점 때문에 그리 오래가지 못하고 중도에 사라지게 되었지요. 특히 병조림 통의 병은 보관하기가 어렵고 잘못하여 떨어뜨리면 깨지기 쉬울 뿐만 아니라 여행이나 야외에 나갈 때 병의 무게 때문에 문제가 한두 가지가 아니었어요.

이때 병조림을 워낙 즐겨 먹던 영국의 기술자인 듀란드라는 사람이 병조림의 불편함을 매일 고민하게 되었어요. 점심 식사

때마다 자주 병조림을
애용하던 그는 어느
추운 겨울날 차가워진
병조림을 그냥 먹을 수
없어서 자신이 만들고
있던 조그만 깡통에 쏟
아 불에 데워먹게 되었어
요.

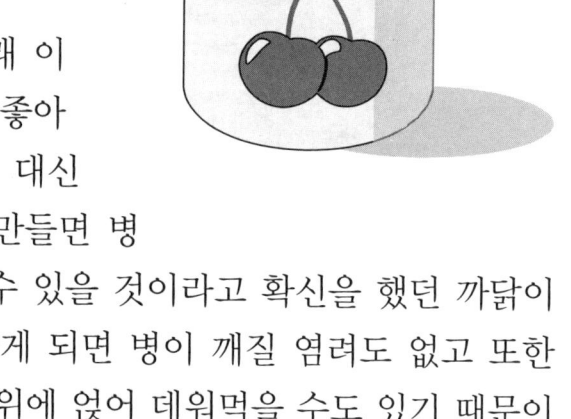

식사를 마친 그는 "그래 이
거야" 하며 무릎을 치며 좋아
했는데, 그 이유는 병조림 대신
깡통을 이용한 통조림을 만들면 병
조림의 문제점을 해결할 수 있을 것이라고 확신을 했던 까닭이
지요. 즉 통조림으로 만들게 되면 병이 깨질 염려도 없고 또한
추운 날에는 그대로 난로 위에 얹어 데워먹을 수도 있기 때문이
었습니다.

확신을 얻은 그는 즉시 특허출원을 한 뒤 깡통을 이용해 통조
림을 만들어 시중에 내어놓은 결과 상상을 초월할 정도로 대단
한 인기였어요. 그러나 안타까운 점은 생산과정이 모두 손작업
에 의존하여 통조림 뚜껑을 일일이 납으로 땜질해 내는 원시적
인 방법을 사용해야 했기 때문에 많은 상품을 만들어 내지 못하
였어요.

이 사실을 알게 된 영국의 한 자본가는 시효가 끝난 듀란드의 특허를 이용하여 막대한 자본을 투자해 본격적인 통조림 문화 시대를 열게 되었는데, 이것이 세계최초의 통조림공장이 세워진 것이랍니다.

아주 간단한 생각이지만 모든 물건을 사용하다가 불편하고 문제가 있는 것을 고치게 되면 발명가가 되고 경제적으로도 많은 도움을 받게 되는 것이므로 평소에 관심을 가지고 살펴보는 눈을 갖도록 하는 일이 매우 중요하지요.

〈함께 더 생각해 봐요〉

우리가 매일 생활하는 가운데 어떤 점이 불편한지 찾아보고 그것을 편리하게 바꾸는 생각을 가져봅시다.

어린이 과학문화 총서

신기한 세상 재미난 이야기

찍은 날 : 2006년 4월 10일
펴낸 날 : 2006년 4월 15일

지은이   이 광 렬
펴낸이   손 영 일
그 림   전 명 화

펴 낸 곳 : 전파과학사
출판등록 : 1956. 7. 23 (제10-89호)
주소 : 120-824 서울 서대문구 연희 2동 92-18
전화 : 02-333-8877. 8855
팩스 : 02-334-8092
홈페이지 : www.s-wave.co.kr
E-mail : s-wave@s-wave.co.kr
ISBN : 89-7044-250-2 63400